Sitzungsberichte
der Akademie der Wissenschaften
der DDR
Mathematik – Naturwissenschaften – Technik

20 N

1980

Boris Nikolajewitsch Petrow

Entwicklung und Perspektiven der Kosmosforschungen

AKADEMIE-VERLAG · BERLIN

Sitzungsberichte
der Akademie der Wissenschaften
der DDR
Mathematik — Naturwissenschaften — Technik

Jahrgang 1980 · Nr. 20/N

Boris Nikolajewitsch Petrow †

Entwicklung und Perspektiven der Kosmosforschungen

AKADEMIE-VERLAG · BERLIN
1981

Vorträge und Diskussionsbeiträge
der wissenschaftlichen Sitzung des
Plenums der Akademie der Wissenschaften
der DDR am 15. November 1979

Herausgegeben im Auftrage
des Präsidenten der Akademie
der Wissenschaften der DDR
von Vizepräsident Prof. Dr. Heinrich Scheel

ISSN 0138-3956
Erschienen im Akademie-Verlag, DDR-1080 Berlin, Leipziger Str. 3—4

Lizenznummer: 202 · 100/88/80
Gesamtherstellung: VEB Druckhaus Köthen
Bestellnummer: 762 8946 (2010/80/20/N) · LSV 1435
Printed in GDR
DDR 5,— M

Inhalt

B. N. Petrow

Entwicklung und Perspektiven der Kosmosforschungen

Sehr geehrter Genosse Präsident, verehrte Kollegen!

Gestatten Sie mir, mich zunächst für die Einladung zu bedanken, auf dieser repräsentativen Sitzung eien Vortrag zu halten. Bei dieser Gelegenheit möchte ich nochmals meinen tiefempfundenen Dank dafür aussprechen, daß ich zum Auswärtigen Mitglied der Akademie der Wissenschaften der Deutschen Demokratischen Republik gewählt worden bin.

Von ganzem Herzen beglückwünsche ich Sie und in Ihrer Person alle Wissenschaftler der DDR zum 30. Jahrestag der Gründung der Deutschen Demokratischen Republik, des ersten sozialistischen Staates auf deutschem Boden. Ich wünsche Ihnen große Erfolge beim Aufbau der entwickelten sozialistischen Gesellschaft.

Ich werde versuchen, einige der in den 20 Jahren Kosmosforschung gewonnenen Ergebnisse darzustellen und auch auf noch ungelöste Probleme einzugehen. Ich werde mich mit Fragen der Entwicklung der internationalen Zusammenarbeit auf dem Gebiet der Weltraumforschung beschäftigen und dabei auch einige Probleme der weiteren Entwicklungsperspektive der Kosmosforschungen berühren. Natürlich kann ich aufgrund der Kürze der Vortragsdauer nur die wichtigsten auf diesem Gebiet anstehenden Fragen anschneiden und nur auf einige Beispiele näher eingehen.

Im Zeitalter der Weltraumforschung, welches durch den Start des ersten künstlichen Erdsatelliten der Welt in der Sowjetunion eingeleitet wurde, haben die Raketen- und Weltraumtechnik und die Wissenschaft einen gewaltigen Weg zurückgelegt. Es entstanden verschiedene Klassen von Trägerraketen und kosmischen Flugkörpern und Satelliten, bemannter und unbemannter Raumschiffe, Orbitalstationen, automatischer interplanetarer Stationen, die den Anforderungen der verschiedensten Richtungen wissenschaftlicher Forschungen und verschiedener volkswirtschaftlicher Bereiche genügen. Das erforderte die Bearbeitung zahlreicher wissenschaftlich-technischer Probleme und die Nutzung der Erkenntnisse auf den verschiedensten Gebieten von Wissenschaft und Technik.

Die Entwicklung der Raketen- und Weltraumtechnik sucht ihresgleichen, sowohl hinsichtlich des Tempos und der Fristen bei der Schaffung kompliziertester Komplexe, als auch hinsichtlich der Zahl und der Vielfalt der entwickelten Typen von Raketen- und Weltraumsystemen und der dazugehörigen Anlagen. All das sicherte die rasche Entwicklung der Kosmosforschung im Interesse der Wissenschaft und der Volkswirtschaft und führte zum Entstehen neuer Richtungen in den Naturwissenschaften und den technischen Wissenschaften; so entstanden z. B. die extraatmosphärische Astronomie, die planetare Atmosphärenforschung, die Mechanik des Raumfluges, die Raketendynamik, die Theorie für die Steuerung von Raumflugkörpern u. a.

Es eröffneten sich weite Perspektiven für die Organisation der internationalen Zusammenarbeit auf einem neuen Gebiet der menschlichen Tätigkeit — der Erforschung und Erschließung des Weltraums, der keine Grenzen hat.

Der Flug des ersten Kosmonauten der Erde, Juri Gagarins, legte den Grundstein für das Zeitalter der Flüge des Menschen in den Weltraum. Bis zum jetzigen Zeitpunkt weilten fast 100 Erdbewohner im Kosmos. Die sowjetische Raumfahrt vollzog den Übergang von einzelnen Flügen der Kosmonauten an Bord solcher Raumschiffe, wie „Vostok", „Vos-chod" und „Sojus", zur regelmäßigen Erforschung des Kosmos mit Hilfe universeller kosmischer Laboratorien, wie es die Orbitalstationen und Weltraumkomplexe „Salut-6" — „Sojus" — „Progress" sind. Es erfolgten bereits die Flüge der ersten internationalen Besatzungen, an denen Kosmonauten aus der sozialistischen Staatengemeinschaft beteiligt waren, so auch der erste Kosmonaut der Deutschen Demokratischen Republik, Sigmund Jähn. Die Kosmonauten W. Ljachow und W. Rjumin absolvierten ihren 175 Tage dauernden Langzeitrekordflug.

Man kann ohne Übertreibung feststellen, daß die Weltraumfahrt und die Weltraumforschung einen wesentlichen Einfluß auf die Entwicklung der Wissenschaft überhaupt und auf die Beschleunigung des wissenschaftlich-technischen Fortschritts ausgeübt haben.

Zu einigen Ergebnissen und weiteren Aufgaben der Kosmosforschung

In den zwei Jahrzehnten der kosmischen Ära wurde die Wissenschaft um wichtige Entdeckungen reicher und machte riesenhafte Schritte auf dem Weg der Erkenntnis zahlreicher Naturerscheinungen.

Es seien einige Beispiele angeführt, die zeigen sollen, daß durch das Eindringen in den Kosmos äußerst wichtige, ja zuweilen völlig unerwartete Entdeckungen gemacht werden konnten. Man gewann neue Erkenntnisse über den Aufbau des erdnahen Weltraums, die Magnetosphäre und die Ionosphäre der Erde, über die auf der Sonne ablaufenden Prozesse und über den Einfluß der Sonnenaktivität auf die irdische Atmosphäre und die Ionosphäre.

Von Grund auf änderten sich die Vorstellungen über den *Aufbau der Magnetosphäre und der Ionosphäre der Erde.* Die Natur des Sonnenwindes wird untersucht, man entdeckte die Strahlungsgürtel der Erde und viele andere Erscheinungen, über die es vorher in der Wissenschaft keinerlei Vorstellungen gab. Seit langem war bekannt, daß die Erde ein Magnetfeld hat, aber vor seiner direkten Messung in großen Höhen tauchte nicht einmal die Frage auf, daß die Magnetosphäre der Erde eine von der symmetrischen abweichende Form haben könnte, die durch das magnetische Dipolmoment der Erde bestimmt wird. Wie jedoch die von Bord künstlicher Erdsatelliten und interplanetarer Stationen aus durchgeführten Messungen des geomagnetischen Feldes und der Teilchenströme gezeigt haben, wird dieses Feld durch den Sonnenwind stark verzerrt. Auf der Tagseite werden unter der Einwirkung des Sonnenwindes die geomagnetischen Kraftlinien gegen die Erde gedrückt, auf der Nachtseite bilden sie eine lange Magnetschleife, einen Schweif, dessen Länge bis zu mehreren Tausend Erdradien beträgt.

Die Forschungen haben gezeigt, daß die Grenze der Magnetosphäre keine konstante Lage aufweist, sondern sich in Abhängigkeit von der Sonnenaktivität und ihren Auswirkungen ändert.

Bis zum heutigen Tage sind die allgemeinen Merkmale der Struktur des Magnetfeldes und der Verteilung des Plasmas in der ruhigen Magnetosphäre aufgeklärt. Ermittelt wurde das Vorhandensein von Strahlungsgürteln der kalten Plasmahülle der Erde (der Plasmosphäre), der heißen Plasmaschicht im Schweif der Magnetosphäre und schließlich des Plasmamantels, der erst in allerjüngster Zeit entdeckt wurde.

Gegenwärtig liegt bei den Forschungen der Akzent auf der Untersuchung der feinen Strukturbildungen und der Dynamik des Plasmas und der Felder. Der Tages-Cusp dient nach allgemeiner Ansicht als die Stelle, an der das Plasma des Sonnenwindes in das Innere der Magnetosphäre eindringt und den Plasmamantel bildet. Diese Eindringungsmechanismen sind jedoch noch nicht geklärt.

Eine der markantesten Entdeckungen der jüngsten Zeit ist das Auffinden einer außerordentlichen Plasmaaktivität auf „halbem Wege" zwischen der weit entfernten Magnetosphäre und der Ionosphäre. Es hat sich herausgestellt, daß die wesentlichen Elemente der elektromagnetischen Verbindung dieser Gebiete von dem anomalen Widerstand und den elektrischen Doppelschichten gebildet werden, die in den Aurora-Gebieten in Höhen von 5—15 Tausend Kilometern über der Erdoberfläche liegen. Gerade hier erfolgen der Abzug der Ionen ionosphärischen Ursprungs in die Magnetosphäre und die Beschleunigung der Elektronen, die das Nordlicht in der Atmosphäre hervorrufen. Hier wird auch die starke kilometerweite Aurora-Strahlung erzeugt.

Unser Verständnis der Aktivität der Magnetosphäre verbindet sich mit intensiven Untersuchungen der Schleife bzw. des Schweifes der Magnetosphäre, welches die Energiequelle für die magnetosphärischen Substorms bilden.

Jetzt wird uns verständlich, daß das Plasma im Schweif der Magnetosphäre nur selten ruhig ist, denn darin entstehen häufig schnelle Plasmaströme mit Geschwindigkeiten von etwa 1000 km/s aus den Gebieten, die als „Feuerkugeln" bezeichnet werden. Jetzt wird ebenfalls klar, daß gerade im Schweif der Magnetosphäre Eruptionen hochenergetischer Teilchen entstehen, die in der Folge in den interplanetaren Raum austreten.

Große Erfolge wurden bei der Erforschung des *Mondes und der Planeten* erzielt. In den vergangenen zwei Jahrzehnten wurden von sowjetischen und amerikanischen Raumflugkörpern zahlreiche Untersuchungen des Mondes und der erdoiden Planeten durchgeführt, u. a. auch mit Landeapparaten. Für die Wissenschaft bedeutsame Ergebnisse erzielte man auch durch die Untersuchung von Mondbodenproben, die von sowjetischen automatischen Stationen und von den amerikanischen Kosmonauten zur Erde gebracht wurden.

Die Wissenschaftler aus der DDR beteiligten sich an der Erforschung der Mondbodenproben, die ihnen von ihren sowjetischen Kollegen übergeben worden waren.

Vor Beginn der Erforschung der Venus mit Hilfe von Raumflugkörpern waren die Kenntnisse über diesen Planeten, der von der Erde aus infolge der Wolkendecke für eine Beobachtung unzugänglich war, äußerst kärglich. Häufig betrachtete man die Venus als eine Art Zwilling der Erde. Noch vor einem Vierteljahrhundert hielt man es für möglich, daß dort Leben existiert.

Erst direkte Untersuchungen der Atmosphäre mit Hilfe der interplanetaren Stationen „Venus“ gaben eine bestimmte Antwort auf diese Frage und zeigten, daß die Venus eine heiße und leblose Welt darstellt (die Oberflächentemperatur erreicht 475 °C, der Druck beträgt 90 at) und daß die Atmosphäre der Venus hauptsächlich aus kohlensaurem Gas mit unbedeutenden Mengen anderer Komponenten besteht. Die interplanetaren Stationen ermöglichten es, erste Angaben über die Natur der Wolkenschicht zu ermitteln und zu erkunden, daß es auf der Oberfläche der Venus ziemlich hell ist (vorher hatte man angenommen, daß auf der Venusoberfläche Dunkelheit herrscht, da der Himmel dort durch eine starke Wolkendecke verhüllt ist) sowie erste Panoramas der Oberfläche des Planeten auf die Erde zu übertragen.

Wie aus der Geschichte der Wissenschaft bekannt ist, bergen neue Entdeckungen häufig noch größere Rätsel in sich und tun immer neue und neue Geheimnisse der Natur kund. Die Entwicklung der Kosmosforschung liefert eine sehr anschauliche Illustration dieser Situation.

Von großem Interesse ist die Fortsetzung der Untersuchungen der Venusoberfläche sowie deren Atmosphäre, insbesondere mit Hilfe des Infrarot-Spektrometers, das von DDR-Spezialisten entwickelt wird, sowie der Zirkulation der Atmosphäre des Planeten, der Aufklärung der Natur der sich im Verlaufe von viermal 24 Stunden vollziehenden Rotation dieser um die Achse des Planeten (der Planet selbst rotiert einmal um seine eigene Achse in der Zeit, in der die Erde 118 Rotationen vollzogen hat) und vieles andere mehr. Ein weiteres Rätsel gibt die Rotationsrichtung der Venus auf. Die Venus benimmt sich wie eine launische Frau. Alle anderen Planeten rotieren um ihre eigene Achse in einer Richtung, die Venus aber in eine andere Richtung. Man fragt sich: weshalb? Eben weil sie eine „Venus“ ist!

Was den Mars anbelangt, so ist es interessant, die Fragen aufzuklären, die mit den Staubstürmen und ihrer Entwicklung im Zusammenhang stehen. So z. B. das Problem zu klären, ob die Täler wirklich ausgetrocknete Flüsse sind und zu welcher Zeit sie existierten; oder aber die Zusammensetzung der Polkappen zu präzisieren, die Menge des Eisens zu bestimmen und endgültig zu klären, ob es auf dem Mars Leben gibt oder nicht und vieles andere mehr.

Die direkte Erforschung des Mondes mit Hilfe kosmischer Mittel legte zahlreiche Faktoren bloß, für die es noch keine glaubwürdige Erklärung gibt. Dazu gehören z. B.: der wesentliche Unterschied im Aufbau der Oberfläche der Rückseite des Mondes zur sichtbaren Seite; das Vorhandensein großer Mascons, die das Gravitationsfeld dieses Himmelskörpers verzerren; der sog. „Glockeneffekt", d. h. die Bildung lange andauernder und langsam verlöschender Schwingungen nach einem Impact eines auf die Mondoberfläche aufschlagenden Meteoriten bzw. künstlichen Körpers u. a.

Die Schaffung von Mitteln der kosmischen Raketentechnik sicherte die stürmische Entwicklung der *extraatmosphärischen Astronomie.* Die Möglichkeit, Geräte und astronomische Instrumente außerhalb der Atmosphäre zu bringen, die die elektromagnetische Strahlung der außerirdischen Quellen nur in einem engen Fenster durchlassen, d. h. im optischen Bereich und im Funkwellenbereich, führte zu zahlreichen Entdeckungen und gestattete es, das komplizierte Bild der auf der Sonne, den Sternen, in den Galaxien und auf anderen Himmelskörpern ablaufenden Prozesse in einem anderen Lichte zu betrachten.

Von großer wissenschaftlicher Relevanz sind die Forschungen auf dem Gebiet der Ultraviolett-Astronomie, da in diesem Bereich die wichtigsten und prägnantesten Spektrallinien verschiedener chemischer Elemente liegen.

Diese Untersuchungen ermöglichen die Bestimmung der chemischen Zusammensetzung des interplanetaren Gases auf der Grundlage der Beobachtungen der Absorptionslinien in den Spektren heller Sterne sowie die Erforschung der Zusammensetzung des heißen Plasmas in den Hüllen junger Sterne aufgrund der Beobachtungen ihrer Emissionslinien.

Zu sehr interessanten Angaben führten die Forschungen im Röntgenbereich. In den letzten Jahren wurden mehr als 1500 Röntgenquellen verschiedener Typen entdeckt; es wurden zahlreiche Röntgenpulsare entdeckt, d. h. kompakte Objekte, die zu Doppelsternsystemen gehören. Die Untersuchung dieser Quellen läßt Rückschlüsse auf die Evolution dieser Doppelsysteme zu, auf die Existenz sog. „schwarzer Löcher" und deren Besonderheiten.

Von großem Interesse ist die Untersuchung der nichtstationären Röntgenquellen, der sog. „Burster", die mit starken Gammastrahlungseruptionen im Zusammenhang stehen. Die Erforschung der Natur des sogenannten Diffusions-Röntgen-Hintergrundes ist verbunden mit der Lösung äußerst wichtiger kosmologischer Probleme, so z. B. mit der Antwort auf die Frage, ob das Weltall geschlossen oder offen ist. Früher nahm man an, daß dieser Hintergrund mit gewaltigen Massen eines unsichtbaren ionisierten Gases zusammenhängt, bei dessen Berücksichtigung die vollständige Masse der Materie im Weltall nahe der kritischen Größe liegt, was auf eine Geschlossenheit des Weltalls hindeutete. In jüngster Zeit erhaltene Daten jedoch lassen den Schluß zu, daß der Röntgenhintergrund mit der Strahlung von Quasaren im Zusammenhang steht, die sich am Rande des sichtbaren Teils des Weltalls befinden, und das wiederum besagt, daß kein Grund zu der Annahme besteht, daß große „verborgene Massen" existieren, und somit kann man das Weltall als offen betrachten.

Das jüngste Gebiet der extra-atmosphärischen Astronomie ist die Gamma-Astronomie. Bis zum jetzigen Zeitpunkt wurden bereits mehrere Dutzend Gammastrahlungsquellen entdeckt, von denen sich einige mit den gut bekannten Radiopulsaren identifizieren lassen, wobei gezeigt wurde, daß der Hauptenergieanteil dieser Pulsare im Gammabereich ausgestrahlt wird.

Wichtige Ergebnisse wurden während des Fluges der sowjetischen automatischen Stationen „Venus-11", „Venus-12" und „Prognos-7" erzielt. Mit Hilfe der darauf installierten Geräte, die im Rahmen der französisch-sowjetischen Zusammenarbeit entwickelt wurden, registrierte man gleichzeitig an verschiedenen Punkten des Raumes etwa 40 Gamma-Eruptionen. Mit Hilfe der Triangulation kann man hierbei die Quellen der Gamma-Eruptionen lokalisieren. Aufgrund der gewonnenen Daten erreicht deren Energie 10^{40} erg. Diese Forschungen geben Anlaß zu der Annahme, daß die Gamma-Eruptionen mit den Neutronensternen in Zusammenhang stehen.

Am 5. März 1979 wurde in der Maghellan-Wolke die Quelle einer pulsierenden Gamma-Eruption mit einer Pulsationsdauer von etwa 8 Sekunden entdeckt. Das war eine großartige wissenschaftliche Entdeckung.

Die Entdeckungen auf dem Gebiet der extra-atmosphärischen Astronomie veränderten unsere Vorstellungen über den Aufbau vieler weit entfernter Objekte des Weltraumes und gaben einen gewaltigen Anstoß für die Weiterentwicklung der Wissenschaft über den Aufbau der Materie. Die weiteren Forschungen auf diesem Gebiet lassen noch größere Ergebnisse erhoffen.

Mit den Forschungsarbeiten zur extra-atmosphärischen Infrarot-Astronomie wurde begonnen, insbesondere unter Einsatz des Teleskops BST, das an Bord der Orbitalstation „Salut-6" installiert ist. Eine große Perspektive hat der Einsatz von kosmischen Radioteleskopen. Das erste dieser Art war das Radioteleskop KRT-10, das von den Kosmonauten an Bord der Station „Salut-6" installiert worden ist. Dieses Radioteleskop bildet zusammen mit dem neuen 70-Meter-Radioteleskop auf der Krim ein Radiointerferometer mit einer superlangen Basis Kosmos — Erde, wodurch ein hohes Auflösungsvermögen der radioastronomischen Beobachtungen ermöglicht wird. Die Entwicklungsperspektiven der extra-atmosphärischen Astronomie kann man nicht hoch genug einschätzen. Deren Leistungen hängen in starkem Maße mit den Erfolgen bei der Schaffung kosmischer astronomischer Instrumente zusammen, insbesondere der Spiegeloptik besonders für die infraroten, optischen und ultravioletten Teleskope sowie für die Optik des schrägen Einfalls zu Untersuchungen im „weichen" Röntgenstrahlenbereich. Die Spezialisten der DDR, die über große Erfahrungen bei der Schaffung der verschiedensten optischen Systeme verfügen, könnten einen wesentlichen Beitrag zur Entwicklung der Zusammenarbeit der sozialistischen Länder auf diesem Gebiet leisten.

Die internationale Zusammenarbeit

Viele Aufgaben und Untersuchungen des kosmischen Raumes tragen globalen Charakter. Bei der Erforschung der Prozesse und Erscheinungen, die im Weltraum und in der Atmosphäre vor sich gehen, wird ein komplexes Herangehen an die solar-terrestrischen Beziehungen verlangt. Auf dem Gebiet der Kosmosforschung ist die Zusammenarbeit von Wissenschaftlern und Spezialisten aus den verschiedenen Ländern besonders effektiv.

Der Gedanke einer internationalen Zusammenarbeit im Kosmos wurde schon im Jahre 1920 vom Begründer der Weltraumfahrt, Konstantin Eduardowitsch Ziolkowski, geäußert.

In seiner wissenschaftlich-utopischen Erzählung „Außerhalb der Erde" äußerte er sich darüber, daß die Erschließung des Weltraumes durch vereinte Anstrengungen der Wissenschaftler, Erfinder, Ingenieure und Arbeiter aus den verschiedensten Ländern realisiert werden könnte.

Der hervorragende Wissenschaftler und Konstrukteur der ersten kosmischen Flugkörper und Raketensysteme, AkM S. P. Koroljow, sagte einmal: „Man kann darauf hoffen, daß sich durch diese edle und wahrhaft gewaltige Sache die internationale Zusammenarbeit der Wissenschaftler, die von dem Wunsche beseelt sind, zum Wohle der ganzen Menschheit, des Friedens und des Fortschritts zu wirken, ein immer breiteres Feld gewinnen wird."

Die Sowjetunion hat seit dem Start des ersten künstlichen Erdsatelliten der Welt zielgerichtet daran gearbeitet, eine breite Zusammenarbeit mit den anderen Ländern bei der Erforschung und friedlichen Nutzung des Weltraumes zu betreiben.

In dem Aufruf des ZK der KPdSU, des Präsidiums des Obersten Sowjets der UdSSR und des Ministerrats der UdSSR im Zusammenhang mit dem Flug von J. A. Gagarin hieß es: „Wir betrachten die Siege bei der Erforschung des Weltraums nicht nur als eine Leistung unseres Volkes, sondern als eine Leistung der gesamten Menschheit. Mit Freude stellen wir diese in den Dienst aller Völker, im Namen des Fortschritts, des Glückes und Wohlergehens aller Menschen der Erde."

Auf der Basis bilateraler und multilateraler Abkommen realisiert die Sowjetunion eine umfangreiche Zusammenarbeit im Weltraum mit den sozialistischen Ländern sowie mit Indien, Frankreich, den USA und Schweden.

Ein markantes Beispiel für die fruchtbringende Zusammenarbeit bei der Erforschung und Nutzung des Weltraumes ist die Kooperation der sozialistischen Länder im Rahmen des Programmes „Interkosmos". Dieses Programm beinhaltet gemeinsame Forschungen auf dem Gebiet der kosmischen Physik, der kosmischen Meteorologie, der kosmischen Nachrichtenverbindung, der kosmischen Biologie und Medizin und der Fernerkundung der Erde mit aerokosmischen Mitteln. Bereits zweieinhalb Jahre nach der Annahme des Programmes wurde durch gemeinsame Anstrengungen von Wissenschaftlern und Spezialisten der DDR, UdSSR und ČSSR ein komplexes Experiment zur Erforschung der kurzwelligen Strahlung der Sonne mit Hilfe des ersten Satelliten der Serie „Interkosmos" realisiert. Bereits dieses Experiment erbrachte ein bedeutsames wissenschaftliches Ergebnis: man entdeckte die Polarisation der Röntgenstrahlung während der Sonneneruptionen, was auf eine Existenz von mächtigen beschleunigten Elektronenströmen während der Eruptionen hindeutet. Am 14. Oktober dieses Jahres jährte sich zum zehnten Mal der Tag des Starts des Satelliten „Interkosmos-1".

Seit dieser Zeit wurden im Rahmen des Programmes „Interkosmos" 20 Satelliten der Interkosmos-Serie verschiedener Modifikationen, 8 Forschungs-Höhenraketen vom Typ „Vertikal" und Hunderte von meteorologischen Raketen gestartet. Ferner wurden zahlreiche komplexe Experimente unter Einsatz von Bodenobservatorien und -stationen durchgeführt.

Einen besonderen Platz in diesem Programm der sozialistischen Länder nimmt das Problem der auf der Sonne ablaufenden Prozesse sowie der Einfluß der UV- und Röntgenstrahlung der Sonne auf die Hochatmosphäre der Erde ein.

Das für unser Tagesgestirn bekundete Interesse ist vollauf verständlich, da die Erscheinungen der solaren Aktivität auf direkteste Weise das gesamte Leben auf unserer Erde beeinflussen.

Die im Rahmen des Interkosmos-Programmes durchgeführten Sonnenforschungen ermöglichten auch Rückschlüsse darauf, daß in der Physik der Sonne selbst sowie in den solar-terrestrischen Beziehungen die kurzwellige ultraviolette und Röntgenstrahlung der Sonne eine gewaltige Rolle spielen. In der Korona der ruhigen Sonne gibt es helle Gebiete, die Röntgenstrahlungsquellen sind. Ihre Temperatur erreicht drei Millionen Grad. Bei Sonneneruptionen erhitzen sich große Teile der Sonnenatmosphäre bis auf 20 Millionen Grad, es tritt eine harte Röntgenstrahlung auf, und beschleunigte Teilchen, wie Elektronen, Protonen und Kerne von Elementen werden herausgeschleudert. Die Energie für die Eruptionen stammt aus dem lokalen Magnetfeld der aktiven Gebiete der Sonne, obwohl der Mechanismus der Umwandlung der magnetischen Energie in Strahlungsenergie der Eruptionen noch nicht endgültig aufgeklärt ist. Eine weitere Forschungsrichtung auf dem Gebiet der kosmischen Physik im Rahmen des Interkosmos-Programmes ist die komplexe Untersuchung der Ionosphäre und der Magnetosphäre der Erde und der Wechselwirkung der in ihnen ablaufenden Prozesse.

Hauptrichtungen auf dem Gebiet der *kosmischen Meteorologie* im Rahmen des Interkosmos-Programmes sind die Erforschung der Parameter der Hochatmosphäre mit Hilfe meteorologischer Raketen, insbesondere der Raketen MR-12 und M-100, sowie die Satelliten-Meteorologie.

Mit Hilfe der meteorologischen Satelliten „Meteor" wurde von Wissenschaftlern der DDR und der UdSSR die Intensität der Absorption der atmosphärischen Strahlung der Erde in einem breiten Wellenbereich untersucht, man verfeinerte die Methoden der indirekten Sondierung der Hochatmosphäre der Erde zwecks Aufstellung von vertikalen Temperatur- und Feuchtigkeitsprofilen und untersuchte den Ozongehalt.

Seit 1971 führen Wissenschaftler der UdSSR und DDR an der Raketensondierungsstation „Wolgograd" systematische Untersuchungen der Charakteristika der hohen Atmosphärenschichten mit Hilfe der in beiden Ländern entwickelten wissenschaftlichen Geräte durch. Die Spezialisten der DDR leisten einen wichtigen Beitrag zur Schaffung des neuen kleinformatigen meteorologischen Raketensystems MMR-06-DART, wofür sie die Raketensonde und den Fallschirm entwickeln. Gemeinsam mit sowjetischen Kollegen wird in der DDR weiterhin die Methode der fallenden Kugeln zur Durchführung von Windmessungen entwickelt.

Diese Forschungen sind von weitreichender Bedeutung für die künftige Erhöhung der Genauigkeit der Wettervorhersage auf unserem Planeten.

Umfangreiche Arbeiten wurden auch auf dem Gebiet der *kosmischen Nachrichtenverbindung* geleistet. Es wurde die internationale Organisation sowie das System für kosmische Nachrichtenverbindungen „Intersputnik" geschaffen. Die Boden-Empfangs- und Sendestationen von „Intersputnik", die in Bulgarien, Ungarn, der DDR, auf Kuba, in der Mongolei, Polen, der Sowjetunion und der ČSSR in Betrieb genommen wurden, ermöglichen für die am Abkommen beteiligten Länder die Realisierung des Telefonie- und Telegrafieverkehrs sowie den Austausch von Rundfunk- und Fernsehprogrammen.

Im Rahmen des Interkosmos-Programms laufen Grundlagenforschungen auch auf dem Gebiet der kosmischen Nachrichtenverbindungen, u. a. bei der Erschließung neuer Frequenzbereiche.

Auf dem Gebiet der *kosmischen Biologie und Medizin* sind die gemeinsamen Anstrengungen der sozialistischen Länder auf die Untersuchung des Einflusses verschiedener Faktoren des Raumfluges auf lebende Organismen gerichtet. Bereits auf 5 spezialisierten Biosatelliten der Kosmos-Serie wurde zu diesen Zwecken ein umfangreiches Programm biologischer Forschungen unter Beteiligung sozialistischer Länder durchgeführt. Ein großer Komplex von Forschungsarbeiten erfolgt auch im Zusammenhang mit den bemannten Flügen.

Bemannte Flüge

Eine der Hauptrichtungen in der Entwicklung der Weltraumfahrt ist die Schaffung von Raumschiffen und Orbitalstationen für bemannte Flüge. „Die Flüge von Orbitalstationen sind die Magistrale des Menschen in den Kosmos" — so sagte der Generalsekretär des ZK der KPdSU, Gen. L. I. Breshnew. Warum wurde gerade ein solcher Weg gewählt? In der Tat sind Orbitalstationen komplexe kosmische Laboratorien, die es den Kosmonauten ermöglichen, umfangreiche wissenschaftliche Forschungen im Interesse der Wissenschaft und der Volkswirtschaft zu betreiben. Die sowjetischen Spezialisten, die bei jedem Flug die Raumschiffe und die Orbitalstationen weiter verbessert haben, schufen den unikalen kosmischen Komplex „Salut-6"—„Sojus"—„Progress". Dieser sichert die Durchführung von Langzeitexperimenten unter den Bedingungen des Raumfluges, ermöglicht den Austausch der Besatzungen sowie Besucherexpeditionen, bei denen eine vierköpfige Besatzung gleichzeitig an Bord arbeiten kann. Umfangreich ist die Palette der wissenschaftlichen Forschungen, die während bemannter Flüge durchgeführt werden können.

Dazu gehören astronomische Beobachtungen, die Untersuchung der Atmosphäre, das Fotografieren der Erdoberfläche im Interesse verschiedener volkswirtschaftlicher Bereiche, komplexe medizinisch-biologische Forschungen und schließlich eine neue Richtung der kosmischen Experimente — die Forschungen auf dem Gebiet der kosmischen Technologie.

Die Schaffung des komischen Komplexes „Salut-6"—„Sojus"—„Progress" ermöglichte den in der Welt erstmaligen Weltraumflug internationaler Besatzungen, an denen Kosmonauten aus der sozialistischen Staatengemeinschaft beteiligt waren. Die ersten vier internationalen Besatzungen, darunter auch die Besatzung bestehend aus dem Fliegerkosmonauten der UdSSR, Walerij Bykowskij, und dem ersten Kosmonauten der DDR, Sigmund Jähn, vollendeten ihren Flug. Die Vorbereitung und Realisierung von Flügen internationaler Besatzungen sind eine neue und wichtige Etappe bei der Entwicklung des Interkosmos-Programms. Die Flüge der internationalen Besatzungen unter Beteiligung von Bürgern aus der ČSSR, VRP, DDR und VRB haben stattgefunden. Gegenwärtig werden in der Sowjetunion die Kosmonautenkandidaten aus Ungarn, Vietnam, Kuba, der Mongolei und Rumänien ausgebildet. Die internationalen Besatzungen führten während ihres Fluges Experimente durch, die von den Wissenschaftlern der jeweils beteiligten Länder vorbereitet worden waren.

Man darf mit Befriedigung feststellen, daß die von den Wissenschaftlern und Spezialisten der DDR für die Zwecke der Kosmosforschung entwickelten wissenschaftlichen Apparaturen den höchsten Anforderungen standhielten und sich von ihrer besten Seite gezeigt haben. Die bei der Schaffung von Geräten für Satelliten- und Raketenexperimente gesammelten Erfahrungen erwiesen sich auch für die Entwicklung von Geräten für bemannte Flüge als nutzbringend.

Hervorzuheben ist die Schaffung des Lyman-Alpha-Fotometers, des Infrarot-Fourier-Spektrometers, einer Reihe medizinisch-biologischer Geräte, die Beteiligung an der Schaffung eines einheitlichen Telemetriesystems und schließlich die Schaffung der Multispektralkamera MKF-6M. Diese Kamera, die an Bord der Station „Salut-6" installiert ist, wurde sowohl von den drei internationalen, als auch von den sowjetischen Besatzungen benutzt und liefert eine Vielzahl von Aufnahmen der Erdoberfläche.

Die Farbbilder, die auf der Basis der in den verschiedenen Spektralbereichen aufgenommenen Fotos synthetisiert werden, liefern wertvolle Informationen, die in den verschiedenen volkswirtschaftlichen Bereichen genutzt werden können.

Neben den Aufnahmen mit stationären Kameras wurden während des Fluges der Station „Salut-6" auch umfangreiche visuell-instrumentelle Untersuchungen der natürlichen Umwelt durchgeführt (Experimęnt Biosphäre). Alles in allem wurden mehrere Tausend natürliche Objekte aufgenommen. Diese fallen in den Interessenbereich der Geologie, der Erforschung natürlicher Ressourcen, der Atmosphäre, des Weltmeeres, des Umweltschutzes u. a.

Aufschlußreiches Material erhielt man über Ringstrukturen, über vergletscherte Hochgebirge und Vulkane, über Farbanomalien der Wassergebiete und über tropische Zyklone.

Die Kosmonauten J. Romanenko und G. Gretschko machten von Bord der Station „Salut-6" aus zahlreiche Aufnahmen. Auf einem dieser Fotos zeichnen sich auf dem Territorium Südwestafrikas deutliche Ringstrukturen ab, die sich durch subvulkanische alkalische Gesteine gebildet haben. Der Außenring der Struktur wird durch Gabbroide gebildet, die auf dem Foto eine dunklere Färbung aufweisen, der innere Teil hingegen wird durch alkalische magmatische Gesteine gebildet. Es ist hervorzuheben, daß die gesamte Zeichnung der radialen und konzentrischen Klüfte auf dem Kosmosfoto deutlicher zu sehen ist, als auf den existierenden geologischen Karten dieses Gebietes.

Es ist äußerst bedeutsam, daß auf dem Kosmosfoto eine Verbindung zwischen den Ringmassiven und den Tiefenbrüchen bzw. irgendwelchen Lineamenten nicht festgestellt werden kann. Es ist anzunehmen, daß sich dahinter eine wichtige geologische Gesetzmäßigkeit verbirgt, die auch für andere Verbreitungsprovinzen von alkalischen Eruptivgesteinen kennzeichnend ist, welche bekanntlich die Lagerstätten von Apatiten, Nephelin, Eisenerzen, seltenen Elementen u. a. bestimmen.

Interessante Informationen erhielt man von „Salut-6" über die Hochgebirgs-Gletschersysteme. Ein Foto z. B. zeigt die vom Kamm abfließenden Gletscher. Deutlich erkennbar sind die sich an den Gletschern entlangziehenden Mittelmoränenketten und die Stellen mit einer durchgängigen Entwicklung der Moränenbedeckung. Sehr genau läßt sich die Zone des Übergangs von dem schneebedeckten Gebiet zur offenen Eisfläche verfolgen, wo der Hauptteil des Tauprozesses vonstatten geht. In vielen Fällen wird durch die Verdunklung der Gletscherverlauf verdeckt. Anhand solcher Kosmosaufnahmen läßt sich die Aktivität des glazialen Komplexes untersuchen, besonders dann, wenn man bedenkt, daß dieses Gebiet mit ziemlicher Regelmäßigkeit fotografiert wird. Bei den Gletschern, die Merkmale von Pulsationen aufweisen, sind als die wichtigsten Elemente zur Dechiffrierung die zickzackförmigen Mittelmoränenketten und die typische Form des Auseinanderfließens des Eises im Tal (sog. „Katzenpfote") anzusehen. Da dieses Gletscherregime nur sehr schwach erforscht ist, sind die Informationen aus dem Kosmos von großem wissenschaftlichen Wert.

Die Kosmosfotos sind von besonderer Bedeutung für die Untersuchung aktiver Vulkane, ihres Aufbaus, der Dynamik von Vulkanausbrüchen und der strukturellen Lage von Vulkankörpern. Ein solches Foto zeigt z. B. deutlich den Vulkan Ätna auf Sizilien. Die Kosmonauten Romanenko und Gretschko haben von der Station „Salut-6" aus einen kleinen Ausbruch und frische Auswurfprodukte auf der Schneedecke am Gipfel beobachtet. Gut zeichnen sich kleine Schlacke-Kegel an den Hängen des Hauptvulkans ab. Einzelne Lavaströme sind zu erkennen.

Viele wichtige Informationen lieferten die im Kosmos aufgenommenen Farbfotos der Wasserflächen der Weltmeere. In den offenen Ozeangebieten kann man anhand der Farbe Rückschlüsse auf die biologische Produktivität der Wassermassen ziehen, kann deren Grenzen bestimmen, Meeresströmungen, deren Mäander, Wirbel und andere dynamische Bildungen entdecken. Es gibt z. B. ein Foto, das einen Teil der Karibik zwischen der Insel Kuba und der Insel Andros zeigt. Der deutlich ausgeprägte dunkelblaue Fleck im Südosten der Insel befindet sich über einem Gebiet sehr großer Tiefen und wiederholt mit ziemlicher Deutlichkeit dessen Umrisse. Die Farbe des Meeres in diesem Gebiet wird durch die molekulare Wasserstreuung bestimmt, da das Sonnenlicht nicht bis zum Grund durchdringt. Am Umriß des dunkelblauen Fleckes sind fransenartig angeordnete und sich in ihrer Helligkeit und Farbe ändernde gelbe und grüne Flecke zu sehen, die zur Seite der Flachwassergebiete hin langgezogen wirken und die eine sehr feine und geordnete Struktur aufweisen. So stellen sich vom Kosmos aus gesehen Sandrinnen dar, durch die der durch Pflanzen- und Korallenreste gebildete Kalkschlamm zu Tiefwassersenken hin abzieht.

Einen fundamentalen Beitrag zur Wissenschaft leistete die Untersuchung atmosphärischer Prozesse aus dem Kosmos. Ein von den Kosmonauten Kowaljonok und Iwantschenkow am 26. Oktober 1978 von Salut-6 aus aufgenommenes Foto zeigt den tropischen Zyklon (Taifun) „Rita", als er sich gerade an den östlichen Ufern der Insel Luson (Philippinen) befand. Dieser Taifun richtete bekanntlich großen Schaden an. Die Gesamtansicht und die Form des Wolkensystems dieses Taifuns, das an einen Strudel mit einem Trichter in der Mitte erinnert, vermittelt einen realen Eindruck von diesem Wirbel, der mit gewaltiger Geschwindigkeit rotiert. Der „Trichter" im Zentrum des Wolkenmassivs wird auch als „Auge des Sturmes" oder als „Auge des Taifuns" bezeichnet. Er ist zurückzuführen auf ein starkes Absinken der Luft über dem Zentrum des tropischen Zyklons, deren Kompression, Erhitzung und Austrocknung. Deshalb ist es im „Auge des Sturmes" bekanntlich warm und wolkenarm. Solche Aufnahmen bieten die einzigartige Möglichkeit, den Taifun insgesamt und seine Struktur zu beobachten, was mit keinerlei anderen Mitteln möglich ist. Man kann dabei die Taifune nicht nur untersuchen, sondern auch ihre Verlagerung und Entwicklung vorhersagen, was von großem praktischem Wert ist.

Die Fernerkundung der Erde mit aerokosmischen Mitteln hat neben der Erforschung der natürlichen Ressourcen der Festlandsgebiete und Ozeane große Bedeutung auch für die Einschätzung der Umweltverschmutzung, die Schiffsführung in den Polargebieten unter Beachtung der Eissituation, die Vorhersage von Taifun- und Hurrikan-Bewegungen sowie für meteorologische Zwecke.

Die praktische Bedeutung der weiteren Entwicklung des Programmes für die Erforschung der Erdressourcen von Satelliten und Orbitalstationen aus kann nicht hoch genug eingeschätzt werden. Wichtige Aufgaben hierbei sind:

— die Ermittlung prinzipiell neuer Informationen über die geologische Struktur verschiedener Regionen, die durch traditionelle Methoden nicht festgestellt wurden. Dazu gehört der Nachweis von Ringstrukturen, verdeckten Brüchen, Hebungen und Kuppeln unter den Oberflächenablagerungen u. a.,
— die Ermittlung von Strukturen, die für Sucharbeiten nach mineralischen Roh-

stoffen perspektivisch sind, was durch Vergleich der Interpretationsdaten aus den Kosmosfotos mit den bekannten Materialien über diese mineralischen Rohstoffe, über den Erdgas- und Erdölgehalt u. a. erfolgt.

Hierzu gehören auch alle Mittel zur Gewinnung von Informationen an Bord bemannter Raumschiffe und -stationen, einbegriffen visuelle Beobachtungen, sowie die Mittel zur Gewinnung von Informationen von unbemannten Satelliten, darunter auch von Fernsehinformationen. Hierbei lassen sich drei Hauptaufgabenstellungen ableiten, und zwar die Weiterentwicklung der Bodenapparaturen, die Entwicklung von Mitteln für den Empfang und die Auswertung der Informationen auf der Erde, einschließlich der Systemunterlagen (soft ware), und die Ausarbeitung von Interpretationsmethodiken in Anwendung auf verschiedene volkswirtschaftliche Aufgabenstellungen. Für die letztgenannte Aufgabenstellung ist es von größter Wichtigkeit, auch weiterhin die Informationen von Satelliten, Orbitalstationen, Flugzeugen oder Hubschraubern mit denjenigen zu vergleichen, die bei Bodenexpeditionen für die gleichen Gebiete bzw. Versuchspolygone gewonnen wurden.

In den letzten Jahren hat sich eine neue Richtung der Kosmosforschungen, die *kosmische Technologie*, intensiv entwickelt. Sie beinhaltet Probleme der Darstellung von Materialien in der Schwerelosigkeit sowie die Durchführung von Montagearbeiten und Reparaturarbeiten im Orbit. Schweiß- und Lötarbeiten im Kosmos wurden von der UdSSR bereits 1969 begonnen.

Auf der Orbitalstation Salut-6 der UdSSR wurden etwa 130 werkstoffwissenschaftliche Experimente unter Verwendung der universellen Öfen „Splaw“ und „Kristall“ durchgeführt. 5 Experimente davon wurden von DDR-Wissenschaftlern vorbereitet.

Die bisherigen konkreten Ergebnisse der Auswertung der Experimente haben den Charakter der Gewinnung experimenteller Erfahrungen und des Aufdeckens einiger Besonderheiten der technologischen Vorgänge im Kosmos.

Die wichtigsten Ergebnisse lassen sich wie folgt darstellen:

- Der auf der Erde störende Einfluß konvektiver Vorgänge auf die Strukturbildung und Homogenisierung verschwindet im Kosmos bei der Gewinnung von Stoffen durch Sublimation (aus der Gasphase) bereits im Bereich der Mikrogravitation von 10^{-4}—10^{-5} g.
- Bei der Gewinnung von Stoffen durch Schmelzen wird dieses Ergebnis jedoch erst bei einer Mikrogravitation von 10^{-5}—10^{-7} g erreicht.
- Die Wirkung der Oberflächenspannungen und der Kräfte an den Phasengrenzen führt zu Ergebnissen, die von bekannten irdischen abweichen. So ändert sich z. B. die Schmelztemperatur von Gemischen, was auf Kristallbildungsvorgänge Einfluß ausübt.
- An der Oberfläche der Stoffe tritt infolge der bestimmenden Wirkung der Oberflächenspannungen eine Grenzschicht von 30—40 µm komplizierter Zusammensetzung und Struktur auf, die von irdischen Analogmaterialien völlig verschieden sind.

In ähnlicher Art ließen sich weitere Beispiele anführen. Aus den bisherigen Erfahrungen gilt als erwiesen, daß im Kosmos sehr homogene Stoffe mit vollkommener Struktur gewonnen werden können, obwohl es nach wie vor theoretisch nicht möglich ist, die Materialien konkret anzugeben, deren Gewinnung im Kosmos aussichtsreich erscheint. Die bei den Experimenten gewonnenen Faktoren verlangen eine weitere Untersuchung und Entwicklung effektiver Methoden zur Gewinnung von Stoffen mit vorgegebenen Eigenschaften.

In der Sowjetunion laufen umfangreiche medizinisch-biologische Forschungen an Bord von Raumschiffen, Orbitalstationen und spezialisierten biologischen Satelliten vom Typ „Kosmos". Sie richten sich auf die Untersuchung des Einflusses verschiedener Faktoren des Fluges, insbesondere der Schwerelosigkeit und der kosmischen Strahlung, und deren Einwirkung auf biologische Systeme unterschiedlicher Organisiertheit (angefangen von DNS-Präparaten bis hin zum ganzen Organismus von Säugetieren). Die gewonnenen Ergebnisse sind einerseits ein Beitrag zu fundamentalen Problemen der allgemeinen Biologie, und andrerseits dienen sie praktischen Zwecken für den Schutz des Menschen bei Raumflügen.

Durch langjährige Forschungen wurde gezeigt, daß Organismen auf unterschiedlichstem Organisationsniveau fähig sind, unter den Bedingungen des Raumfluges über einen längeren Zeitraum hinweg zu funktionieren. Es lassen sich natürlich einige strukturelle und funktionelle Abweichungen beobachten, deren Ursachen und Entstehungsmechanismen sowie deren in fernerer Zukunft liegenden Auswirkungen auf den Organismus noch nicht endgültig geklärt sind.

Der Einfluß der Schwerelosigkeit auf die Lebenstätigkeit und die Produktivität von Mikroorganismen und niederen Pflanzen konnte bisher noch nicht ermittelt werden. Die Veränderungen, die beobachtet wurden, sind wahrscheinlich auf den modifizierten Einfluß nichtspezifischer Flugfaktoren zurückzuführen.

Es gibt Grund zu der Annahme, daß für die höheren Lebensformen die Schwerkraft im Prozeß der Evolution zur notwendigen ökologischen Bedingung für die Entwicklung und Funktion vieler Systeme des Organismus geworden ist. Einige experimentelle Fakten, die bei den Raumflügen gewonnen worden sind, bestätigen diese Annahme.

Bei der Entwicklung von Pflanzen in den einzelnen Entwicklungsphasen, wie beim Keimen des Samens, der Bildung von Rosetten und Knospen werden keine Veränderungen festgestellt. Andrerseits gelang es noch nicht, unter den Bedingungen der Schwerelosigkeit Pflanzen aus Samen zu ziehen, die wiederum Samen erzeugten. Die an Bord von „Salut-6" gesäten Erbsen und Arabidopsis haben keinen vollen Entwicklungszyklus überstanden, sie starben vor der Blüte ab und erzeugten keinen neuen Samen. Die spezifischen Erscheinungen des Einflusses des Raumfluges konnten genauer bei der Untersuchung von niederen Wirbeltieren und Säugetieren beobachtet werden. Zum Beispiel wurde bei Ratten die Veränderung der Feinstruktur des Otolith-Komplexes des Vestibularapparates festgestellt, was die Spezialisten mit der Veränderung des Kalziumaustausches in der Schwerelosigkeit erklären. Strukturveränderungen des Stütz- und Bewegungsapparates werden bei Ratten nach 24tägigem Aufenthalt in der Schwerelosigkeit beobachtet. Es muß aber bemerkt werden, daß all diese Veränderungen 26 Tage nach dem Flug vollständig den Ausgangszustand wieder erreichten, also reversiblen Charakter tragen.

Die Schwerelosigkeit kann in einer Reihe von Fällen als methodische Maßnahme für die Lösung praktischer Aufgaben auf der Erde angesehen werden. Das trifft insbesondere auf die Untersuchung von Veränderungen der schwerkraftbedingten Widerstandsfähigkeit von landwirtschaftlichen Kulturen zu, die zur Lagerungsanfäligkeit der Pflanzen führen und die Ernteerträge verringern.

Die für kosmische Untersuchungen mit Hilfe der Selektion ausgesuchten Chlorella-Stämme mit hoher fotosynthetischer Aktivität LARG-3 und LARG-4 werden in groß- und kleintechnischen Anlagen in Usbekistan, der Ukraine und in der Nähe von Moskau bei der Herstellung von Futtermittelzusätzen für die Viehwirtschaft eingesetzt. Eine dieser „kosmischen" Chlorella-Formen wurde in Testsystemen für die Untersuchung des Einflusses verschiedener Umgebungsmilieus auf die Mutationsfaktoren eingesetzt.

Ein umfangreiches Forschungs-Programm, zu dem auch medizinisch-biologische Experimente gehörten, wurde während des Fluges der internationalen Besatzung unter Beteiligung des DDR-Bürgers S. Jähn durchgeführt.

Mit Hilfe des Gerätes „Elbe", das im VEB „Präcitronic" Dresden entwickelt worden ist, erfolgte die Bestimmung der Hörschwelle der Kosmonauten unter dem Einfluß der komplexen Faktoren des Raumfluges (Experiment „Audio"). Ziel der Untersuchungen war die Bestimmung der Hörschwelle der Kosmonauten. Die erzielten Ergebnisse beweisen die Notwendigkeit der Durchführung weiterer Untersuchungen des Gehörs unter den Bedingungen des Raumfluges, der Arten und Intensitäten der Geräuschbelastungen, die auf die Kosmonauten während des Fluges einwirken, wobei das Ziel gestellt wird, prophylaktische Empfehlungen und sanitär-hygienische Forderungen auszuarbeiten, um entsprechende Arbeits- und Lebensbedingungen für die Kosmonauten zu schaffen. Das Experiment „Geschmack" wurde programmgemäß fortgesetzt mit dem Ziel, mit Hilfe des Gerätes „Elektrogustometer" (hergestellt in der VRP) die Reizschwelle des Geschmacksempfindens durch Veränderung des Spannungsniveaus zu untersuchen. Mit dem Experiment „Sauerstoff" wurde der Sauerstoffverbrauch im Gewebe des Menschen während des Raumfluges gemessen. Gegenwärtig wird von Spezialisten der DDR an der Vorbereitung eines Experimentes zur Untersuchung der Atmungsprozesse unter den Bedingungen des Raumfluges gearbeitet.

Gemeinsam mit Spezialisten der DDR wurde für den sowjetischen Biosatelliten 1979 das Experiment „Biorhythmus" vorbereitet und durchgeführt.

Das Experiment diente der Untersuchung des Einflusses der Schwerelosigkeit auf den 24stündigen Rhythmus der physiologischen Funktionen des Organismus. Es wäre gut, wenn ein gemeinsames Experiment mit der Bezeichnung „Retinophot" zur Untersuchung des menschlichen Augenhintergrundes während des Raumfluges vorbereitet werden könnte. Eine solche tragbare Kamera zur Aufnahme des Augenhintergrundes würde auch für den klinischen Bereich von Nutzen sein.

Seit 1975 arbeitet man in verschiedenen Richtungen an der Heilung von Hirnödemen. Diese Untersuchungen haben Wege zur Bekämpfung dieser Erkrankungen aufgezeigt, die für die kosmische wie auch die klinische Medizin von Nutzen sind.

Große Perspektiven hat die Entwicklung genetischer Forschungen unter den Bedingungen des Raumfluges. Es muß überprüft und geklärt werden, warum die Zellteilung von lebenden Kulturen unter kosmischen Bedingungen schneller erfolgt als auf der Erde, insbesondere von Paramecien (Pantoffeltierchen) und Protea, wie es bei der Durchführung des sowjetisch-französischen Experimentes „Zytos" festgestellt wurde. Wahrscheinlich hängt das mit der größeren Intensität des Syntheseprozesses von Eiweiß in den Zellen zusammen.

Es bedarf einer Klärung, ob eine Anhäufung von Defekten im Genapparat der Organismen bei Langzeitflügen erfolgt. Nach Meinung der Spezialisten gewinnt die Erforschung der Genetik bei Populationen von Organismen bei kosmischen Flügen besondere Bedeutung. Das wiederum ist bedeutsam für die Ausarbeitung geschlossener Systeme zur Lebenserhaltung.

Dank der geschaffenen Lebenserhaltungssysteme, dank der großen Erfolge bei der Entwicklung der kosmischen Medizin in der Sowjetunion und der Erfahrungen, die bei der Vorbereitung und Durchführung von Kosmosflügen in den vergangenen Jahren gesammelt wurden, wurde die Realisierung von Langzeitflügen mit drei Stammbesatzungen im Komplex „Salut-6"—„Sojus" mit einer Rekorddauer von 96, 140 und 175 Tagen möglich. Die Empfehlungen der Ärzte, Spezialausrüstungen für Körperübungen unter den Bedingungen der Schwerelosigkeit und andere Mittel ermöglichten es den Kosmonauten, ihre hohe Arbeitsfähigkeit während des gesamten Fluges zu erhalten und eine schnelle Wiederanpassung des Organismus nach der Rückkehr zur Erde zu sichern.

Die Kosmonauten Wladimir Ljachow und Walerij Rjumin konnten sogar noch im 6. Monat des Fluges in den freien Weltraum aussteigen und schwierige Außenarbeiten an der Station durchführen. Der Prozeß der Wiederanpassung verlief bei ihnen schneller als bei anderen Kosmonauten, deren Flüge nicht so lange gedauert haben.

Besondere Beachtung fanden Veränderungen der motorischen Funktionen, die Verringerung des Tonus der Skelettmuskeln, Beeinträchtigungen bei der Koordinierung der Bewegungen und die Aufklärung ihrer Wirkungsmechanismen.

Im Ergebnis wurden neue Methoden des Trainings des Bewegungsapparates der Kosmonauten erarbeitet. Insbesondere unter Verwendung einer ganzen Reihe technischer Mittel sowie des Vakuumanzuges, die auch bereits in der klinischen Praxis bei der Wiedergenesung von Kranken nach längerer Bettlägerigkeit angewendet werden.

Große Beachtung fanden Fragen der Immunologie. 1—2 Monate dauernde Flüge haben gezeigt, daß sich die immunologische Resistenz der Kosmonauten verschlechtert. Deshalb wurden für Langzeitflüge prophylaktische Maßnahmen erarbeitet, um Virus- und Infektionserkrankungen während des Fluges und nach der Rückkehr zur Erde zu vermeiden.

Die Spezialisten messen der Nutzung der Ergebnisse auf dem Gebiet der kosmischen Biologie und Medizin in der klinischen Praxis besondere Bedeutung bei. Zum Beispiel wurden Methoden und Geräte zur Durchführung von rheografischen Untersuchungen, Untersuchungen des Zustandes der Herztätigkeit, der Besonderheiten von Stoffwechselprozessen im Organismus, eine Reihe diagnostischer Methoden zur Erkennung von sensomotorischen Störungen, Methoden der Rehabilitation nach langer Hypodynamie und andere in die medizinische Praxis überführt.

Die Zusammenarbeit der sozialistischen Länder im Rahmen des Programms „Interkosmos" entwickelt sich erfolgreich und wird in vollem gegenseitigen Einvernehmen durchgeführt. Die Wissenschaftler und Spezialisten der zusammenarbeitenden Länder arbeiten bei der Erfüllung der gemeinsamen Forschungen freundschaftlich zusammen. In vielen Teilnehmerländern des Programms „Interkosmos" entstanden qualifizierte Spezialistenkollektive und wissenschaftliche Zentren, die mit modernen Ausrüstungen ausgestattet sind.

Die Deutsche Demokratische Republik leistet einen bedeutenden Beitrag zur Realisierung des Programmes „Interkosmos". Die Erfolge der DDR in der Elektro- und Rechentechnik, in der optischen Industrie sowie das hohe Niveau der wissenschaftlichen Forschungen gestatten es, der Hoffnung Ausdruck zu verleihen, daß die Wissenschaftler und Spezialisten der DDR in der Zukunft die Arbeiten auf diesen Gebieten noch breiter entfalten werden, insbesondere die Arbeiten auf dem Gebiet des kosmischen Gerätebaus und der Schaffung von Mitteln zur Übertragung und Verarbeitung von wissenschaftlichen Informationen.

H. Stiller, K.-H. Schmelovsky

Das Zusammenwirken von Naturwissenschaften und Technik bei Interkosmosexperimenten

Die heute in dem Begriff der Geo- und Kosmoswissenschaften zusammengefaßten Disziplinen, die sich mit der Erforschung der Vorgänge vom Erdinneren bis in den tiefen Kosmos befassen, haben in unserem Land eine lange und gute Tradition. Das betrifft Astronomie, Geodäsie und Geophysik sowie die Meteorologie und die geologischen Wissenschaften, die durch viele hervorragende Gelehrte teilweise bereits seit mehreren Jahrhunderten einen wesentlichen Beitrag zum Weltwissen auf diesen Gebieten erbracht haben. Alle diese Arbeiten erfolgten auf der Basis der für die jeweilige Zeit modernsten Meßtechniken und Observatorien in enger Kopplung mit aktuellen theoretischen Entwicklungen und einem ständigen guten Kontakt zu Physik und Mathematik.

Mit der Entwicklung der Kosmostechnik und Kosmosforschung wurden und werden für alle diese Fachrichtungen der Geo- und Kosmoswissenschaften neuartige, teilweise prinzipiell neue Möglichkeiten für Experimente, Beobachtungen und direkte Sondierungen gegeben. Selbstverständlich gehen die potentiellen Möglichkeiten und Anwendungen dieser neuen Methoden weit über den Rahmen der Geo- und Kosmoswissenschaften und auch der in unserer Akademie der Wissenschaften betriebenen Forschungen hinaus, so daß die Industrie und das Hochschulwesen ebenfalls stark angesprochen sind.

Diese in den Geo- und Kosmoswissenschaften vorhandene, traditionell auf hohem Niveau stehende Wissens- und Erfahrungsträgerschaft bot vorzügliche Voraussetzungen, dem Angebot der UdSSR zu folgen und im Rahmen des Interkosmos-Programms auf diesen Gebieten mit gemeinsamen Forschungen zu beginnen. Demgemäß entwickelte sich die Beteiligung der DDR am Interkosmos-Programm zuerst mit Arbeiten zur Meteorologie, zur Physik der oberen Atmosphäre und des erdnahen Weltraumes, zur Fernerkundung der Erde und ihrer Atmosphäre mit aerokosmischen Methoden und zur Planetologie. Gegenstand dieser Arbeiten ist das gekoppelte System aus erdnahem Weltraum (in engerem Sinne ist das die Magnetosphäre), oberer und unterer Atmosphäre bis hinab zur Troposphäre und Erdoberfläche und die Untersuchung insbesondere des Energieflusses, der stofflichen Zusammensetzung (und ihrer Variationen) und der wesentlichen zustandsbestimmenden Prozesse in diesem System. Die erhaltenen Ergebnisse sind von Bedeutung z. B. für Verständnis, Beschreibung und Prognose der physikalischen Umwelt, für die Weiterentwicklung einzelner Disziplinen, wie z. B. der Plasmaphysik, für welche die Magnetosphäre ein wichtiges zugängliches natürliches „Laboratorium" ist, und auch für die Weiterentwicklung der wissenschaftlichen Meßtechnik.

Hinzu kommen im Rahmen dieser weit gefaßten Aufgabenstellungen Bodenprogramme auf der Basis von Observatorien und ambulanten Stationen, die eine möglichst umfassende Erfassung und Auswertung der untersuchten Phänomene und Prozesse ermöglichen.

Charakteristisch für die Entwicklung der Arbeiten an diesen Aufgabenstellungen war und ist, daß alle Messungen von Bord von Raketen oder unbemannten Satelliten aus mit automatisch und wartungsfrei arbeitenden Geräten und Systemen erfolgen, die einen ständigen großen Datenstrom bereitstellen. Damit erhalten ebenfalls die Aufgaben der elektronischen und informationstheoretischen Massendatenbearbeitung eine große Bedeutung, die z. B. mit der im Rahmen der mit Sojus 22 und Salut 6 begonnenen Fernerkundung der Atmosphäre und der Erdoberfläche erfolgenden Bildbearbeitung noch weiter zugenommen hat.

Als Folge dieser neuartigen Anforderungen an die kosmische Meßtechnik, die zugehörige System- und Informationstheorie und Massendatenauswertetechnik resultierten aus dieser gemeinsamen Arbeit wesentliche Impulse und neue Erfahrungen im wissenschaftlichen Gerätebau. Hierauf wird weiter unten ausführlicher eingegangen. In der Folgezeit erweiterte sich auf der Basis dieser Erfahrungen und mit der sich entwickelnden Anwendungsbreite der Kosmostechnik und Kosmosforschung die Beteiligung der DDR an der Kosmosforschung. Ein besonderer Höhepunkt dieser Entwicklung war die Mitwirkung der DDR am bemannten Weltraumflug. Diese Arbeiten eröffnen weitere neue Perspektiven. Sie betreffen insbesondere die kosmischen Materialwissenschaften, deren mögliche technologische Nutzung auch durch Arbeiten in der DDR, z. B. im Rahmen des Experiments „Berolina", gegenwärtig geprüft wird. Auf diesem Gebiet besteht auch im Weltmaßstab ein Vorsprung der UdSSR und der im Rahmen des Interkosmos-Programms mit diesen Arbeiten befaßten sozialistischen Länder. Diese Position sollte erhalten und ausgebaut werden. Ähnliche Aussagen gelten für die kosmische Biologie und Medizin. Die zusätzlichen Möglichkeiten für die Fernerkundung der Erde mit aerokosmischen Methoden seien an dieser Stelle ebenfalls erwähnt. Für die Bearbeitung der mit diesen Methoden erhältlichen meteorologischen, ozeanologischen, geographischen, land- und forstwirtschaftlichen und anderen wissenschaftlichen und volkswirtschaftlichen Daten wurden für die Nutzer angepaßte Auswertungsverfahren erarbeitet.

Mit den folgenden Bemerkungen möchten wir eine kurze Darstellung der Beteiligung der DDR an kosmischen Experimenten geben, wobei wir im Rahmen des Plenums unserer Akademie den besonderen Schwerpunkt auf ausgewählte wissenschaftliche Arbeiten aus den Bereichen der Erforschung der Atmosphäre und Magnetosphäre der Erde sowie der Planetologie und auf gerätebauliche Erfahrungen legen wollen. Die Ergebnisse und Erfahrungen aus der Beteiligung an Aufgaben aus der kosmischen Meteorologie und der Fernerkundung der Erde und ihrer Atmosphäre mit aerokosmischen Methoden werden im Rahmen der Diskussion dieser Plenarsitzung der AdW gesondert behandelt.

Alle diese Arbeiten erfolgten in enger Zusammenarbeit und Arbeitsteilung insbesondere mit der UdSSR sowie mit anderen sozialistischen Ländern. Im nationalen Rahmen sind als Partner dieser Kooperation die Akademie-Institute Institut für Elektronik (IE), Zentum für wissenschaftlichen Gerätebau (ZWG), Zentralinstitut für Optik und Spektroskopie (ZOS), Zentralinstitut für Kybernetik und Informationsprozesse (ZKI), Zentralinstitut für Physik der Erde (ZIPE), und das Zentralinstitut für solar-terrestrische Physik (ZISTP) sowie das VE Kombinat Carl Zeiss, der MD der DDR und aus dem Hochschulbereich insbesondere die TU Dresden und die Humboldt-Universität Berlin zu nennen. Mit der Vorbereitung des gemeinsamen bemannten Raumfluges hat sich die Zahl der Partner weiter erhöht.

Untersuchungen zur stofflichen Zusammensetzung der oberen Atmosphäre

Von den bereits erwähnten breit angelegten Untersuchungen zur oberen Atmosphäre, ihrem mittleren Zustand und seinen Variationen seien an dieser Stelle besonders die absorptionsspektroskopischen Arbeiten erwähnt. Diese resultierten aus der Einschätzung, daß im internationalen Maßstab Fragen der stofflichen Zusammensetzung im Höhenbereich um und unter 100 km Höhe als besonders wichtig eingeschätzt wurden. Als Meßmethode zur höhenmäßigen Erfassung einzelner atmosphärischer Konstituenten wurde die absorptionsspektroskopische Beobachtung der Lyman-α-Linie der Sonne bei Sonnenuntergang (vom Satelliten aus) gewählt. Das den Satelliten erreichende Sonnenlicht breitet sich in diesem Falle durch die Erdatmosphäre aus und wird von ihr beeinflußt (teilweise absorbiert), ehe es absorptionsspektroskopisch ausgemessen wird.

Die Abbildung 1 gibt die bei diesen Experimenten verwendete Meßgeometrie wieder. Aus dem Intensitäts-Höhenprofil, wie es für den vom Satelliten aus beobachtbaren Sonnenuntergang in der Abbildung 1 oben rechts schematisch dargestellt ist, werden iterativ die Neutralgasdichteprofile abgeleitet.

Die Abbildung 2 zeigt Beispiele vom Satelliten IK-7 gemessener anomaler Lyman-α-Absorption (1216 Å) in ungefähr 110 km in mittleren Breiten in der winterlichen südlichen Hemisphäre. Die Analyse dieser Erscheinungen führte zu dem Schluß, daß die Lyman-α-Strahlung nicht nur durch das O_2, sondern auch durch andere Moleküle absorbiert wird. Dieser zweite Absorber ist vermutlich Wasserdampf, dessen Existenz in derart hohen Konzentrationen in der oberen Atmosphäre vor diesen Messungen nicht bekannt war. Mögliche wichtige Konsequenzen solcher hohen Wasserdampfkonzentrationen sind u. a. ein wirksamer Einfluß auf die Fotochemie dieser Teile der Atmosphäre, eine Beeinflussung des Wasserstoffverlustes in den Weltraum mit möglichen Konsequenzen für die Sauerstoffbilanz während der Erdgeschichte sowie auch die Beeinflussung der Ionenchemie der F-Schicht durch effektive Ladungsaustausch-Prozesse. Die Abbildung 3 zeigt analoge Ergebnisse

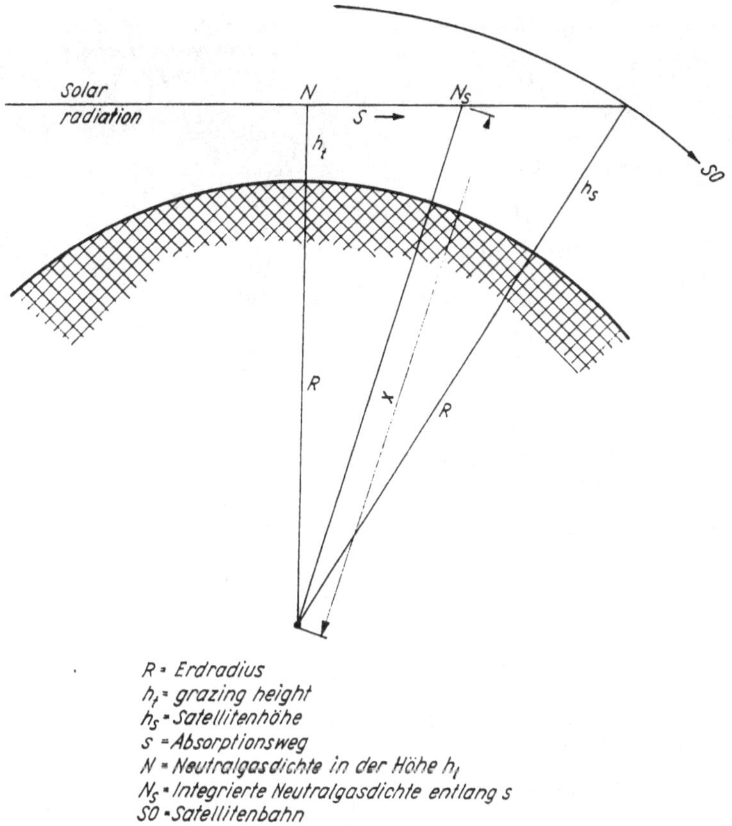

Abb. 1 Geometrie der absorptionsspektroskopischen Meßanordnung

einer simultanen Messung im Schumann-Runge-Bereich (1370 Å bis 1470 Å, nur O_2) und im Lyman-α-Bereich (O_2 + Absorber). Hieraus wurde erstmalig die Effektivität des zweiten Absorbers bestimmt und seine Dichte berechnet. Als zweite, wenngleich bereits sehr unwahrscheinliche Möglichkeit wurde die entsprechende Dichte für NO_2 ebenfalls angegeben.

Zusammenfassend sei zu diesen absorptionsspektroskopischen Methodiken und Interpretationen festgestellt, daß es auf diesem Wege nicht nur möglich wurde, neuartige Informationen über den Zustand des ionosphärischen Neutralgases und der damit zusammenhängenden Prozesse zu bekommen, sondern daß hiermit auch das Verständnis der Variationen der Neutralgaskonzentrationen während starker ionosphärischer Störungen und der damit zusammenhängenden Phänomene sowie auch dynamischer Prozesse, wie sie mit Wellenausbreitungsphänomenen in der oberen Atmosphäre verknüpft sind, vertieft werden konnte.

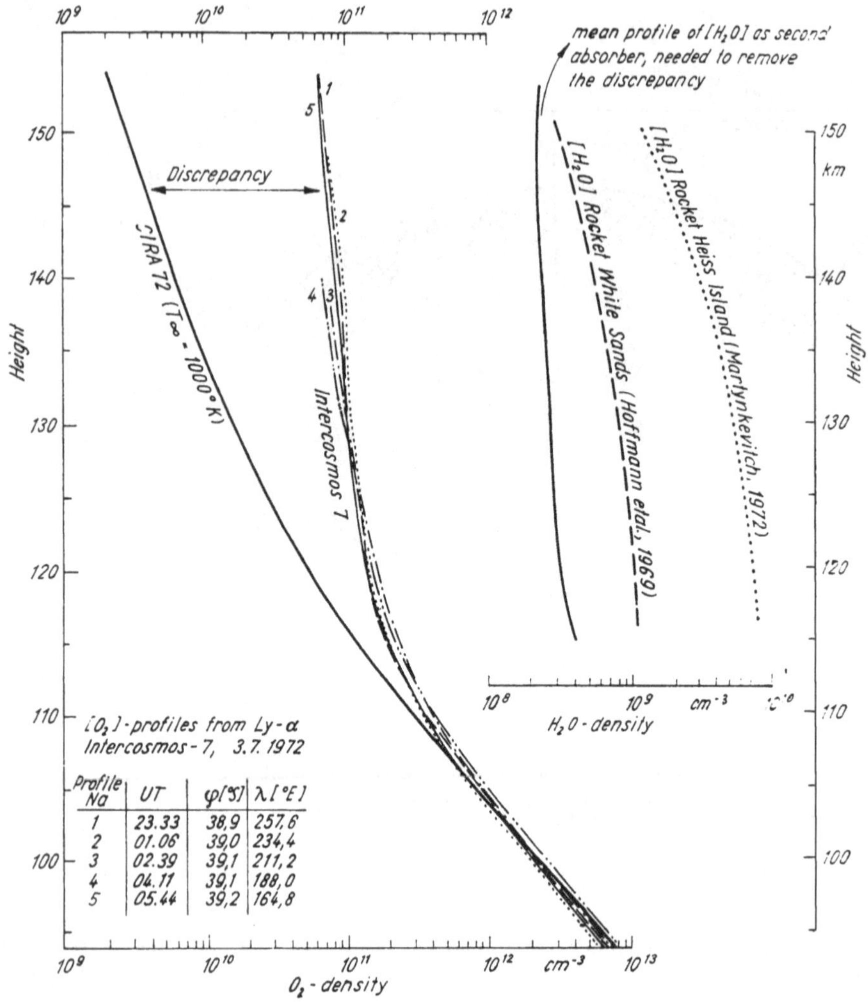

Abb. 2 Lyman-α-Absorption, gemessen von Interkosmos-7

Aspekte der Wechselwirkung von Ionosphäre und Magnetosphäre

Ein weiterer ,bereits angedeuteter Schwerpunkt, der mit Messungen auf Interkosmos-Satelliten und Raketen wesentlich weiterentwickelten Forschungen gilt der Wechselwirkung von Magnetosphäre und Ionosphäre. Die Magnetosphäre ist be-

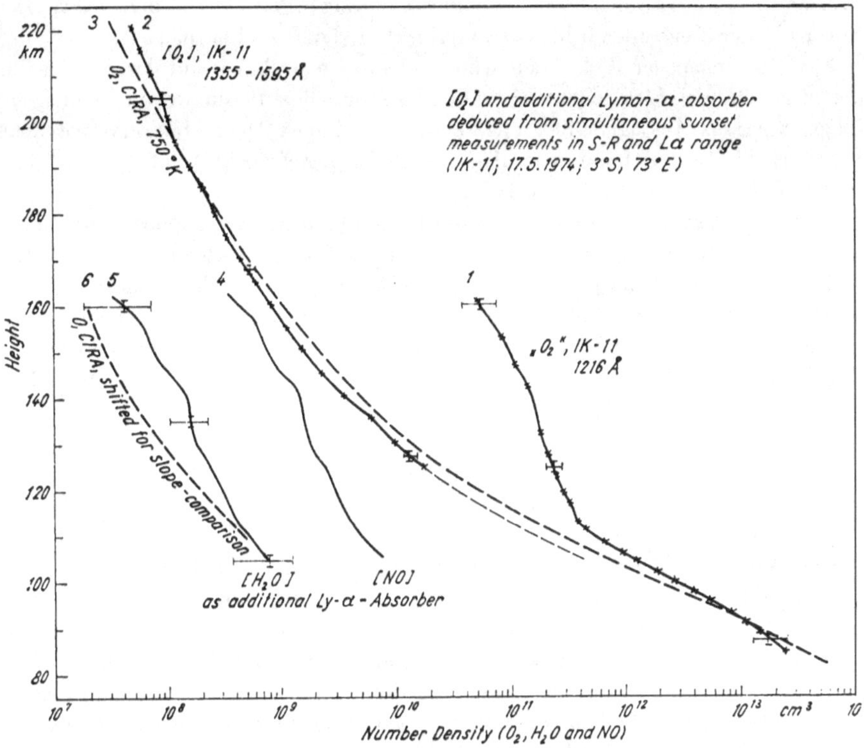

Abb. 3 O_2-Profile aus Lyman-α-Messungen von Interkosmos 7

kanntlich das durch den Druck des heranströmenden Sonnenwindes deformierte dargestellte Gebiet im erdnahen Weltraum, in dem das Magnetfeld die dominierende Kraft bei der Bewegung des in diesem Gebiet enthaltenen Plasmas ist. Die mit dem Sonnenwind in Form von Teilchen und Feldern herantransportierte Energie wird in der Magnetosphäre in speziellen Teilchenreservoiren und auch über elektrische Stromsysteme gespeichert. Diese zwischengespeicherte Energie kann über plasmaphysikalische Prozesse in die Erdatmosphäre überführt werden und dort den Energiehaushalt merklich modifizieren. Ein für diese Wechselwirkung mit der Ionosphäre in unseren Breiten sehr wichtiges Gebiet ist das als Plasmapause bezeichnete Grenzgebiet zwischen dem mit dem Magnetfeld der Erde rotierenden Plasma und dem in der äußeren Magnetosphäre die Erde umkreisenden Plasma. Die Plasmapause ist durch einen Sprung in den Werten für die Dichte und Temperatur der Elektronen charakterisiert. Sie hat am Äquator eine Entfernung von ungefähr 25 000 km von der Erde, reicht in höheren mittleren Breiten bis in die Ionosphäre der Erde hinab und macht sich dort mit der Abnahme von

Werten für die Elektronen- und Ionendichte als sog. „Plasmatrog" bemerkbar. Der Sprung in der Elektronendichte charakterisiert die Lage des Plasmatrogs.

Aus Messungen der Elektronendichte und ihrer Korrelation mit den Werten für die (gegenläufige) Elektronentemperatur und speziellen Plasmawellen (Whistlern) folgen übrigens Aussagen über die Massen der Ionen. Dieses international neue Ergebnis der Interpretation von IK-7 Daten ist gegenwärtig Anlaß für eine vertieftere Untersuchung (Best et al. 1977).

Zusammenfassend kann festgestellt werden, daß mit diesen, gekoppelt mit bodengebundenen Observatoriumsprogrammen durchgeführten Untersuchungen prinzipielle Fragen der Atmosphärenphysik, der Wechselwirkung der Atmosphäre mit dem erdnahen Weltraum und seiner Beeinflussung durch Prozesse auf der Sonne neu aufgegriffen und vertieft fortgeführt werden konnten, die für das Verständnis des Zustandes und der Veränderungen der physikalischen Umwelt des Menschen wesentlich sind.

Untersuchungen zur Planetologie

Ein weiteres Arbeitsgebiet, auf das hier mit der gebotenen Kürze eingegangen werden soll, ist die mit prinzipiellen Fragen der Entstehung des Sonnensystems und mit der Astrophysik verknüpfte Planetologie. Die aus der vergleichenden Planetologie resultierenden Erkenntnisse sind wichtig auch für das Verständnis des Aufbaues und Struktur der Erde. Die direkte Mitarbeit der DDR an diesem zukunftsträchtigen Aufgabenkomplex planetologischer Fragestellungen wurde durch die Übergabe von Mondbodenproben der Sonden Luna 16, 20 und 24 durch die UdSSR ermöglicht. Die Untersuchungen ergaben zur Mineralogie lunarer Gesteine, daß ihre Hauptkomponenten magnesiumreiche Olivine und Pyroxene sowie calziumreiche Plagioklase sind. Das gemeinsame Auftreten von Mg-reichen Olivinen und Pyroxenen weist diese Substanzen als Frühkristallisate aus. Bemerkenswert ist weiterhin, daß die lunaren Materialien von verschiedenen Entnahmestellen wesentlich weniger regionalspezifisch als deren terrestrische Analoga sind. Hochdruck-Röntgenstrukturuntersuchungen ergaben gleiche Struktureigenschaften lunarer und analoger terrestrischer Materialien. Dabei sind die lunaren Kristallgitter zumeist perfekter ausgebildet als terrestrische. Weiterhin ergab sich, daß im lunaren Regolith Fragmente vorkommen, die durch schnelle explosionsartige Einwirkungen zerteilt wurden. Wasser und eine mögliche Atmosphäre hatten auf diese Bruchvorgänge keinen Einfluß (Bankwitz 1973). Aus den mechanisch-elastischen Untersuchungen wurde abgeleitet, daß das lunare Oberflächengestein wesentlich stärker zerrüttet ist als das terrestrische (Wäsch et al. 1976). Die resultierende seismische Wellengeschwindigkeit steigt mit dem Druck an. Zu diesem Verhalten wurde eine seismische Gleichung entwickelt, aus der der Bruchparameter K_0 und der Deformationsparameter A abgeschätzt werden können (Schön 1973, Stiller u. a. 1976).

Zusammenfassend sei zu diesen kurzen und schwerpunktartigen Darstellungen von Ergebnissen und Erfahrungen der Beteiligung der DDR an der Kosmosforschung im Rahmen des Interkosmos-Programms festgestellt, daß auf allen Gebieten dieser sich ständig weiterentwickelnden Beteiligung neue Resultate abgeleitet werden konnten, die sich an die traditionellen Leistungen anschließen oder aber die Mitarbeit an völlig neuen Arbeitsgebieten eröffneten. Diese Ergebnisse konnten im internationalen Rahmen, z. B. auf den Konferenzen des COSPAR und der IAF erfolgreich vorgestellt werden. Sie bilden eine gute Grundlage, um gemäß der Bedeutung der Kosmosforschung als eine der modernsten wissenschaftlichen und technischen Methoden die künftige Zusammenarbeit mit der UdSSR und den anderen sozialistischen Partnerstaaten zu vertiefen und weiterzuentwickeln. Hieraus resultieren wesentliche Konsequenzen für Arbeiten in der Akademie der Wissenschaften, dem Hochschulwesen und der Industrie der DDR.

Erfahrungen im kosmischen Gerätebau

Wissenschaftliche Hochpräzisions-Meßgeräte für den kosmischen Einsatz unterscheiden sich prinzipiell von den sonst in der Forschung üblichen „Laborgeräten", da sie vielen zusätzlichen Bedingungen genügen müssen. Als Beispiele seien hier nur genannt die mechanische Stabilität gegenüber starken Beschleunigungen und Vibrationen während der Startphase, Minimierung von Masse und Energieverbrauch, Unempfindlichkeit gegenüber hochenergetischer Strahlung, thermischen und Druckbelastungen sowie die absolute Wartungsfreiheit. Diese zusätzlichen Anforderungen waren und sind wesentliche Stimuli für den kosmischen Gerätebau.

Der gegenwärtige Stand der Arbeiten zur Telemetrie und Signalverarbeitung ist dadurch charakterisiert, daß Experimentalkomplexe mit weitgehend autonomen Telemetriemöglichkeiten und zukünftig auch mit Steuermöglichkeiten versehen werden, da damit flexibel auf die individuellen Bedürfnisse der Experimente eingegangen werden kann.

Weitgehend autonome Experimenttelemetrien wurden im Rahmen des IK-Programms bisher bei den Einsätzen des Fourierspektrometers, beim AUOS-MAGIK und bei einer Serie von Raketenexperimenten verwendet. Kleinere Vorläufersysteme, Zwischenblöcke zur Datenanpassung an die Haupttelemetrie und technologische Experimente hierzu wurden bereits auf früheren IK-Satelliten, beginnend mit IK-1, eingesetzt. Das zugehörige Bodennetz umfaßt neben einer Reihe fester Stationen verschiedenen Ausbaugrades in der DDR, der UdSSR, der ČSSR, der VRU, der VR Kuba und der VRB mehrere mobile Stationen, die entsprechend den Experimenterfordernissen eingesetzt werden können.

Obwohl die eigentliche Signalerfassung an Bord interessante technische Probleme bietet, lagen die Hauptanreize für die Vorlaufforschung bisher bei den Empfangsproblemen und der Speichertechnik. Dies kehrt sich z. Z. jedoch um, da durch hochintegrierte Schaltkreise auch an Bord intelligentere Erfassungs- und Vorverarbeitungssysteme möglich sind. Da mit analogen Baugruppen nur ein relativ beschränkter Funktionsbereich zuverlässig realisierbar ist — im wesentlichen lineare Differentialgleichungen und einige nichtlineare Funktionen, wie Multiplikation, Betragsbildner sowie nichtlineare Schwinger —, führen in dieser Technik fast alle Ansätze zur störarmen Demodulation auf Synchrondemodulatoren mit Phasenregelkreis. In der Tat konnte bereits Stratonowitsch zeigen, daß für bestimmte frequente Datenphasenschätzungsaufgaben derartige Kreise die erste Näherung zur optimalen Lösung darstellen. Um den Gültigkeitsbereich dieser Näherung abzuschätzen, wurden in Weiterentwicklung vorhandener Ansätze analytische Methoden für die Untersuchung von Phasenregelkreisen und anderen nichtlinearen Baugruppen in der Nähe der Rauschschwelle entwickelt, die seitdem für die praktische Demodulierung in Ergänzung der synthetischen Methoden breit eingesetzt werden.

Um allerdings die Einflüsse des periodischen Charakters einiger Nichtlinearitäten sowie nichtstationäre Fälle zu erfassen, muß die volle Fokker-Planck-Gleichung numerisch integriert werden, ein Verfahren, das wegen seiner Aufwendigkeit nur in wenigen Fällen durchgeführt wird. Da der spannungsgesteuerte Oszillator eine zentrale Baugruppe dieser Technik ist, haben wir uns zeitweise intensiver mit der Theorie nichtlinearer Schwingungen beschäftigt. Unser Hauptaugenmerk galt den Relaxationsschwingern, wobei besonders die Temperaturkonstanz sowie Möglichkeiten zur Entwicklung hochfrequenter Schwinger mit sehr linearer Frequenzspannungskennlinie und trägheitsloser Steuermöglichkeit interessierten. Auf der Basis eines ausgefeilten Tunneldiodenoszillators und eine Reihe weiterer Bemühungen konnten wir einen steuerarmen Demodulator für Satelliten-Farbfernsehsignale entwickeln.

Gegenüber konventionellen Demodulatoren wird dabei ein Gewinn im schlechtesten Falle von zwei bis drei dB unter Einhaltung der Linearitätsforderungen der sehr anspruchsvollen Secam-Norm erreicht. Das entspricht Weltspitzenwerten.

Die Optimierung von Phasenregelkreisen läßt sich bei einfachen Modulatoren noch im wesentlichen auf der Basis der Wienerschen Spektraltheorie erreichen, obwohl auch hier bereits prinzipielle Verständnisschwierigkeiten auftraten.

Will man jedoch weitergelangen, so muß man sich der modernen Signalschätzungstherorie bedienen, die insbesondere von Stratonowitsch auf der Basis von Vektor-Markov-Prozessen entwickelt wurde. Diese Ausgangspunkte wurden deshalb von uns aufgegriffen und zugeschnitten auf unsere technischen Bedürfnisse weiterentwickelt. Ein erster technischer Beweis für die Anwendbarkeit bei komplizierten Signalformen konnte mit dem Optimaldemodulator für das Wettersatellitenempfangssystem erbracht werden. Weitere Anwendungsmöglichkeiten ergaben sich z. B. bei der Rückgewinnung der Digitalinformation bei phasen- und frequenzsprungmodulierten Satellitensignalen und hier besonders bei der Taktrückgewinnung und der Ermittlung der optimalen Entscheidungsquelle Doppler-verschobener Signale.

Abbildung 4 zeigt das Blockschaltbild eines Telemetrieempfängers in der Ausführung für Phasensprungmodulation/Puls-Code-Modulation, bei der mehrere dieser Techniken zur Anwendung gelangen. Außerdem wurde hier die durch die Syn-

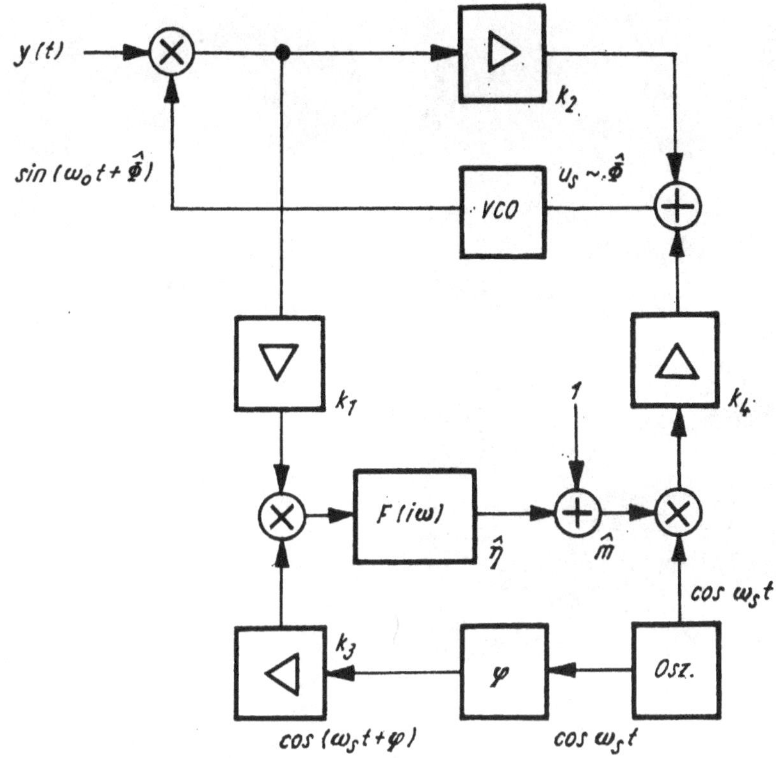

Abb. 4 Blockschaltbild eines Telemetrieempfängers

chrondemodulation gegebene Möglichkeit zur Unterscheidung zwischen kohärentem Signal- und inkohärentem Rauschanteil benutzt, um zwei unabhängige Polarisationskanäle optimal zu vereinigen. Der hohe signaltechnische Aufwand wird dazu benutzt, um den Antennenaufwand zu minimieren und die Mobilität der Anlage zu erhöhen. Die Empfänger sind hier nach dem Baukastenprinzip aufgebaut, wobei ein Grundgerät mit verschiedenen Demodulationsmöglichkeiten ausgestattet ist.

Neben der Sicherung des Telemetrieempfangs für Interkosmos-Satelliten verfolgten wir mit dieser Entwicklung auch Informationen international frei zugänglicher Satellitensysteme zu empfangen und verschiedenen Nutzern bereitzustellen. In der Vergangenheit interessierten hierbei besonders meteorologische Satelliten, wobei mit der WES 2 ein bedienungsarmes System geschaffen wurde, welches außer bei verschiedenen meteorologischen Diensten auch bei der sowjetischen Fischfangflotte im Einsatz ist, wo die Vorteile der kleinen unbewegten Antenne natürlich besonders

Abb. 5 S-Band Empfangsanlage

zum Tragen kommen. Als Weiterentwicklung dieser Anlage wurde eine Anlage zum Empfang hochauflösender Bilder, die im S-Band telemetriert werden, entwickelt (Abb. 5).

Eine Weiterentwicklung für den Empfang digitaler Bildinformationen ist in Vorbereitung. Mit der Zunahme des Informationsflusses gewinnt allerdings die Darstellung eine immer größere Rolle, da das menschliche Auge nicht mehr in der Lage ist, die angebotenen Informationen adäquat zu erfassen und zu verarbeiten. Es wurde deshalb eine Reihe von Arbeiten zur digitalen Bildvorverarbeitung durchgeführt, wobei zunächst universelle Prozeßrechner benutzt werden, später jedoch zunehmend auf Spezialprozessoren mit schnellen mikroelektronischen Bauelementen übergegangen wird. Abbildung 6 zeigt ein vorverarbeitetes Wetterbild. Es sei noch erwähnt, daß diese Bildverarbeitungsmethoden auch außerhalb des Interkosmos-Programms zur Kontrastverstärkung und Detailerkennung in verschiedensten Forschungsgebieten auf großes Interesse stoßen.

Bei der Speicherung von Informationen an Bord und am Boden kann trotz der Fortschritte der Halbleitertechnik noch für längere Zeit nicht auf magnetisch bewegte Speicher verzichtet werden, da sich beim Bordeinsatz besondere Forderungen

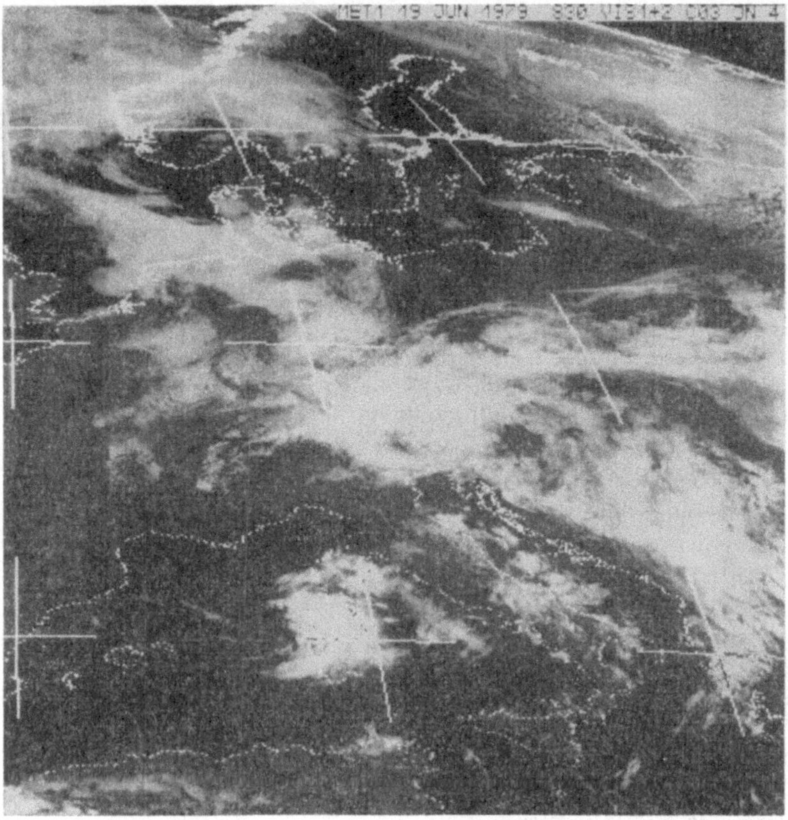

Abb. 6 Vorverarbeitetes Wetterbild

an die Kompaktheit und die Unempfindlichkeit gegenüber Störungen ergeben. Teilweise konnten diese Forderungen durch ein neuentwickeltes Dünnschichtband, welches sowohl eine hohe Aufzeichnungsdichte als auch den Betrieb in Endloswickel ermöglicht, erfüllt werden. Um jedoch die Parameterunempfindlichkeit zu erreichen, wurden neue Demodulationsverfahren entwickelt, die äußerst geringe Anforderungen an die Pegel und Frequenzkonstanz des Wiedergabesignals stellen. Die Abbildung 7 zeigt einen Magnetbandspeicher, der bei mehreren Flügen eingesetzt wurde. In Abbildung 8 wird die Prinzipschaltung eines der benutzten Demodulationsverfahren gezeigt. Diese Verfahren werden auch für die Speicherung der Telemetriedaten an den mobilen Bodenstationen benutzt, wobei durch die hohe Speicherdichte und die Robustheit des Verfahrens die Verwendung normaler Audiokassetten und üblicher Kassettenlaufwerke möglich war. Eine industrielle Anwendung ist auch hier in Vorbereitung.

Als ein Beispiel für mechanisch-optische Geräte soll das Infrarot-Fourierspektrometer zur Messung der thermischen Eigenstrahlung der Atmosphäre behandelt werden. Das Gerät arbeitet als Michelson-Interferometer mit einem bewegten Spiegel, wobei die Intensität der Interferenzstrahlung mittels eines Bolometers als Funktion der Weglängendifferenz gemessen wird. Daraus läßt sich über eine Fourier-Transformation das Leistungsspektrum ermitteln. Das Meßprinzip hat Empfindlichkeitsvorteile nur dann gegenüber dispergierenden Spektrometern und Filterspektrometern, wenn sehr viele Spektralkanäle ausgenutzt werden. Die Realisierung dieser Forderung unter Weltraumbedingungen bereitete erhebliche technische Schwierigkeiten, die nur in enger interdisziplinärer Arbeit bewältigt werden konnten. Einige seien kurz erwähnt. Das an sich schon komplizierte Problem eines breitbandigen Infrarotstrahlungsteilers wurde durch die zusätzlichen Forderungen als Folge der mechanischen Belastungen während der Startphase erschwert. Ähnliches gilt für die Eintrittsoptik, die außerdem thermischen Belastungen unterworfen ist. Da Meßobjekt und Gerät sich etwa auf gleicher Temperatur befinden, ist eine sorgfältige Thermalisierung aller im Strahlengang befindlichen Elemente notwendig, um eine Verfälschung durch unbekannte Eigenstrahlungsanteile zu vermeiden. Probleme bereitete ferner die Führung des bewegten Spie-

Abb. 7 Magnetbandspeicher

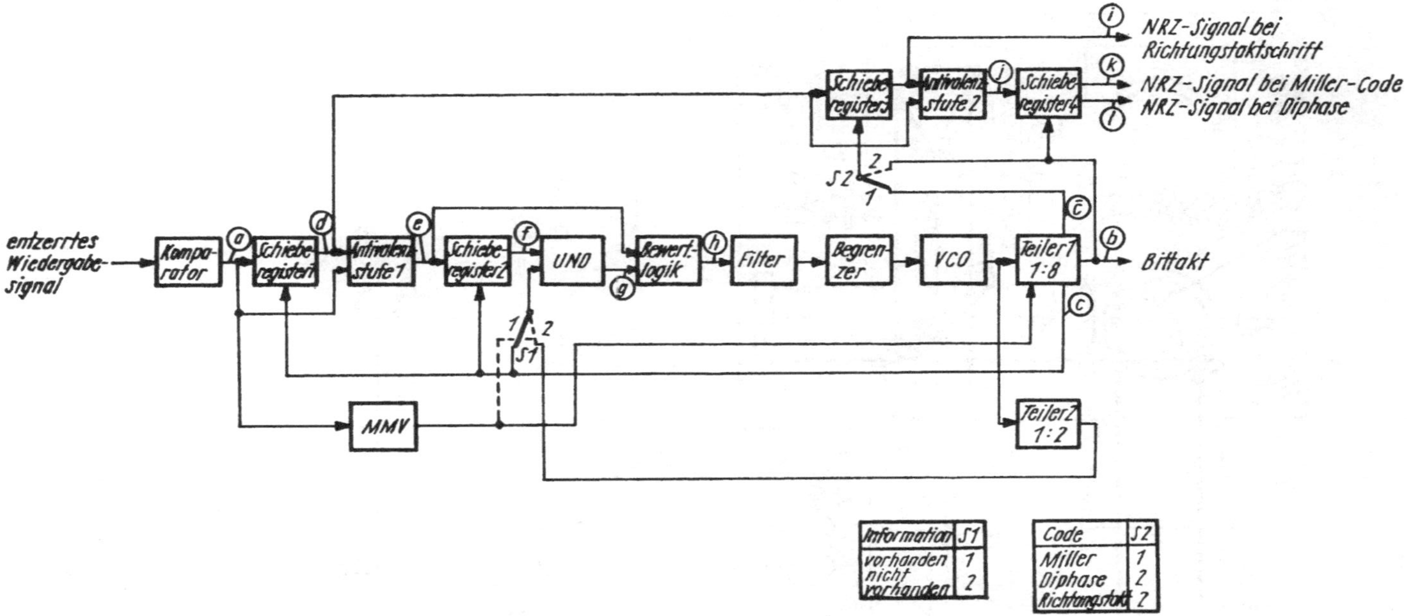

Abb. 8 Prinzipschaltbild für Demodulationsverfahren

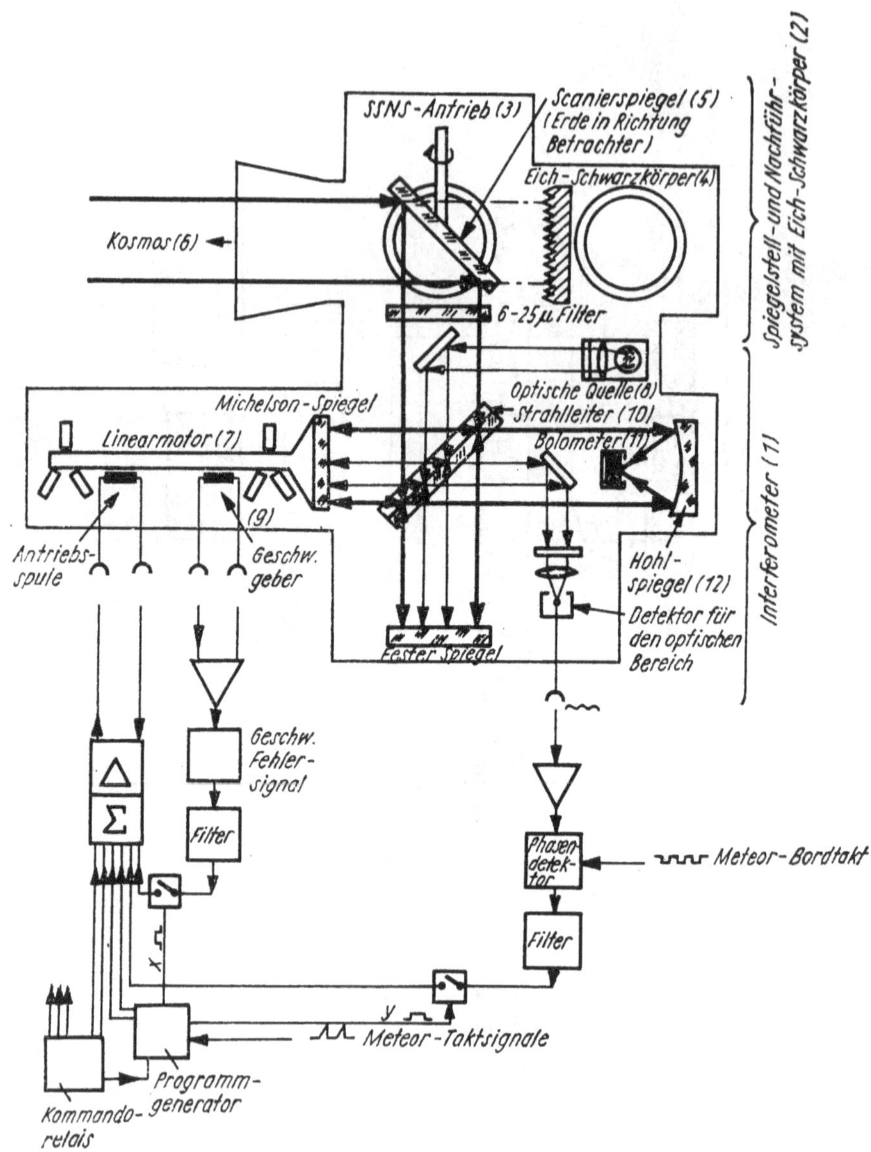

Abb. 9 Blockschema für IR-Interferometer

gels, da eine gegenseitige Verkantung des Systems Strahlteiler/bewegter Spiegel/fester Spiegel von mehr als einem Grad nicht zulässig war. Neben anderen technologischen Maßnahmen erforderte dies eine Gleitlagerung auf Diamanten, die während der Startphase entlastet werden muß. Um die Probleme der Vorschubregelung für den bewegten Spiegel zu verstehen, muß erwähnt werden, daß auf großen Flugobjekten infolge einer Anzahl mechanisch bewegter Teile (z. B. Sonnenpaddel, Luftumwälzung, Orientierungsglieder) im hohen Frequenzbereich Beschleunigungen auftreten, die um Größenordnungen über denen einer guten Laborausstattung liegen. Als primäre Referenz diente hierbei ein optisches monochromatisches Interferometer, welches in das IR-Interferometer eingeschaltet ist. Auf Grund des Meßprinzips muß erreicht werden, daß der Bewegungsablauf auf Bruchteile einer Lichtwellenlänge präzise ist. Beim damaligen Stand der Bauelementetechnik konnte dies nur dadurch erreicht werden, daß ein Phasenvergleich zwischen der optischen Referenz und einem Festtakt durchgeführt wird, wobei die dabei erzeugte Fehlerspannung zur Motorregelung benutzt wird. Insgesamt ergibt dies wieder die Struktur eines Phasenregelkreises, der allerdings durch eine zweite Schleife mittels eines induktiven Geschwindigkeitsfehlers ergänzt werden muß, um das erwünschte Regelverhalten zu erzielen (Abb. 9). Die Optimierungsmöglichkeiten einer derartigen Regelung sind allerdings begrenzt. Daher waren umfangreiche theoretische Rechnungen notwendig.

Die weitere Entwicklung des kosmischen Gerätebaues wird stark von den Möglichkeiten der Mikroelektronik geprägt werden. Aufgaben sind insbesondere die Erhöhung der Flexibilität und der Selbstanpassungsfähigkeit von Bordexperimenten, um die Nachteile, die gegenüber Laborexperimenten durch die verringerte Zugriffsfähigkeit bestehen, zu vermindern. Um die nötige Sicherheit im Umgang mit dieser Technik zu gewinnen und damit Risiken zu vermeiden, werden zunächst einige Bodenanwendungen entwickelt, die bereits an sich von Interesse sind.

In diesen teilweise detaillierten Bemerkungen zu speziellen Entwicklungen des kosmischen Gerätebaues wurde absichtlich an einigen Stellen auf Alternativen hingewiesen, die vermutlich einfacher gewesen wären als der tatsächlich eingeschlagene Weg (z. B. Filterspektrometer statt Fourierspektrometer; Verzicht auf Experimentaltelemetrie). Sicherlich hätten sich damit Entwicklungsprobleme vermeiden lassen, ohne daß sich kurzfristig sehr viel geändert hätte.

Es ist ein offenes Geheimnis, daß auch in der Industrie durch zu langes Festhalten an konventionellen Lösungen oftmals Schwierigkeiten auftreten können. Es wären aber erhebliche Stimuli für den wissenschaftlich-technischen Fortschritt verschenkt worden, wenn wir uns analog nur auf die Lösung der unmittelbaren anstehenden Aufgaben konzentriert hätten. Hier liegen wesentliche Ressourcen, die umso besser erschlossen werden, je mehr es gelingt, anspruchsvolle wissenschaftliche Zielsetzungen mit neuartigen technischen Lösungen zu verbinden.

Literatur

Ahlbehrendt, Norbert und Karl-Heinz Schmelovsky: Optimale Regelung zeitkontinuierlicher, stochastischer Objekte bei zeitdiskreter Beobachtung, in: Elektronische Informationsverarbeitung und Kybernetik Nr. 15 (1979) 8/9, S. 455–474.

Bankwitz, P., E. Bankwitz: Bruchflächenanalyse am Luna-16-Material, in: Gerlands Beiträge zur Geophysik (1973), **82**, S. 454—464.

Best, A., Bettac, H.-D., K. Flemming, H.-R. Lehmann et al.: Vorläufige Ergebnisse des Langmuir-Sonden-Experiments auf Interkosmos-10 und ihr Zusammenhang und VLF-Registrierung in der unteren Magnetosphäre, in: Gerlands Beiträge z. Geophys. (1977), **86**, S. 31—38.

Felske, D., R. Knuth, G. Sonnemann, L. Martini, B. Stark: On the Additional Lyman-Absorber in the Winter-Thermosphere, I. A. T. P., 39, 1423 (1977).

Knuth, T., G. Sonnemann, D. Felske, L. Martini, B. Stark: Some Problems and Results of Solar Occultation Measurements in the Thermosphere — Part II: Neutral Gas density variations, Space Research XVI, 245 (1976).

Knuth, R., G. Sonnemann, D. Felske, L. Martini, B. Stark: On the Additional Lyman-Absorber in the Winter-Thermosphere, Space Research XVIII, 183 (1978).

Schmelovsky, K.-H.: Probleme der Bayesschen Schätzung bei zeitdiskreter Beobachtung, in: Elektronische Informationsverarbeitung und Kybernetik Nr. 10 (1974), S. 407—430.

Schmelovsky, K.-H.: Physikalische Modelle in der Signaltechnik, in: Mathematische Modellbildung in Naturwissenschaft und Technik, Akademie-Verlag Berlin (1976), S. 103—118.

Schmelovsky, K.-H., H. Canitz, W. Steffen: Einsatz des Einheitlichen Telemetriesystems (ETMS) für eine komplexe wissenschaftliche Satellitenmission, in: Physica Solarterrestris, Potsdam, (1979), 10, S. 65—76.

Schmelovsky, K.-H., D. Weisse, U. Engelmann: Entzerrungsfreie Demodulationsverfahren für Magnetschichtspeicher, in: Zeitschrift „radio — fernsehen — elektronik", Berlin 28, (1979), 10, S. 633—636, Teil I.

Schön, J.: Vergleichende Betrachtungen zur Druckabhängigkeit der Ausbreitungsgeschwindigkeit elastischer Wellen an lunaren und terrestrischen Gesteinsproben, in: Gerlands Beitr. Geophys. **82**, 6, S. 472—476 (1973).

Sonnemann, G.: Some Methodical Questions on Ozone Determination by means of Satellite Occultation Experiments, Proceedings of the Joint Ozone Symposium on Atmospheric Ozone, Dresden, Vol. I, 193 (1976).

Sonnemann, G., D. Felske, R. Knuth, L. Martini, B. Stark: How Dry is the Thermosphere? Space Research XVII, 265 (1977).

Sonnemann, G., R. Knuth, K.-H. Ohle, R. Reimer: Structural Variations in the Neutral Thermosphere During the D-Region Winter Anomaly, Space Research XIX, 301, (1979).

Stiller, H., F. L. Wegner, H. Vollstädt: A model for the op-pressure function of cracked lunar rocks and some possible seismological consequences, Tectonophysics, **31**, 129—137 (1976).

Wäsch, R., A. Kraft, H. Vollstädt: Untersuchungen zur Identifizierung und zum Strukturverhalten lunarer Minerale sowie zur elektrischen Leitfähigkeit des Luna-16- und Luna-20-Regoliths in Abhängigkeit von Druck und Temperatur, in: Gerlands Beiträge z. Geophys. (1976), **85**, S. 449—458.

Weisse, D., U. Engelmann, K.-H. Schmelovsky: Demodulationsverfahren für Magnetschichtspeicher mit hohen Speicherdichten, in: Zeitschrift „radio — fernsehen — elektronik", Berlin 28, (1979), 11, S. 719—723, Teil II.

H. Kautzleben

Diskussionsbeitrag

Akademik Petrow hat eine beeindruckende Übersicht über das umfangreiche Programm der UdSSR zur Erforschung des Kosmos gegeben. Die Wissenschaftler der DDR, darunter auch zahlreiche Mitarbeiter des Zentralinstitutes für Physik der Erde unserer Akademie, erhielten vor über zwei Jahrzehnten, ab 1966 im Rahmen des Programmes INTERKOSMOS, von der Akademie der Wissenschaften der UdSSR die Möglichkeit, mit wesentlich bescheideneren Beiträgen auf diesem modernsten Gebiet von Wissenschaft und Technik tätig zu werden. Ich möchte auch an dieser Stelle Akademik Petrow sehr herzlich dafür danken. Die Kooperation mit den Partnern in der UdSSR ist die Voraussetzung, daß unsere Arbeiten zur Erforschung der Erde auf dem heute dank Einsatz der kosmischen Mittel erreichten Niveau geführt werden können. In den Geowissenschaften wurde durch die Nutzung von Raumflugkörpern eine neue Qualität erreicht. Die Erde ist heute als Planet sinnlich faßbar geworden. Die kosmische Technik ermöglicht einerseits Beobachtungen und Messungen der gesamten Erde in ihren globalen Dimensionen und zum andern gleichartige Messungen am Mond und anderen Planeten.

Wir verdanken es der Akademie der Wissenschaften der UdSSR, daß wir seit einigen Jahren nicht nur mit theoretischen Untersuchungen, sondern auch mit einigen experimentellen Arbeiten zur Erforschung des Mondes beitragen können. Die Übergabe von Bodenproben, die von der Oberfläche des Mondes von den automatischen Sonden LUNA 16, 20 und 24 der Sowjetunion zur Erde geholt wurden, durch die sowjetische Akademie an unsere Akademie, war uns der entscheidende Anstoß für den Beginn von Forschungen auf dem Gebiet der vergleichenden Planetologie.

Die kosmische Forschungstechnik wird heute in den Geowissenschaften in enger Abstimmung und häufig gleichzeitig mit den traditionellen bodengebundenen Forschungsmethoden eingesetzt. Die vom Kosmos aus gewonnenen Daten werden stets gemeinsam mit den traditionellen Daten verwendet, helfen jedoch stets Fragen zu lösen, die mit traditionellen Mitteln, wenn überhaupt, dann jedoch nur höchst unvollkommen beantwortet werden können. Als erstes Beispiel hierfür sei auf die Nutzung von künstlichen Erdsatelliten für die großräumige Vermessung der Erde verwiesen. Auf diese Weise wurde erreicht, daß heute für jeden beliebigen Punkt der Erdoberfläche die Koordinaten in bezug auf den Massenmittelpunkt und die Hauptträgheitsachsen der Erde mit einer Genauigkeit von etwa 1 m, d. h. um über 2 Zehnerpotenzen genauer als vor 20 Jahren, angegeben werden können. Unsere experimentellen und theoretischen Arbeiten auf diesem Gebiet sind aufs engste mit den entsprechenden Teilen des INTERKOSMOS-Programms verknüpft.

Große Bedeutung für die geo- und die biowissenschaftliche Forschung und mehrere Volkswirtschaftsbereiche besitzt unseres Erachtens die Verwendung kosmischer Mittel für die Fernerkundung von Naturressourcen und des Zustandes der Umwelt. Der Rat INTERKOSMOS der Akademie der Wissenschaften der UdSSR gibt seit einigen Jahren Instituten und Betrieben der DDR die Möglichkeit, an der Entwicklung und Nutzung dieser sehr effektiven kosmischen Technologie mitzuwirken. Ich erinnere in diesem Zusammenhang an die Entwicklung und Fertigung der Multispektralkamera MKF6, ihre Erprobung während des Experimentes „RADUGA 1" im sowjetischen Raumschiff „Sojus 22" im September 1976 und die bereits routinemäßige Nutzung der modifizierten Kamera MKF6-M in der sowjetischen Raumstation „Salut 6" seit Januar 1978. Die damit erhaltenen Aufnahmen von Teilen der Erdoberfläche konnten vielfach für Wissenschaft und Volkswirtschaft genutzt werden.

Die kosmischen Aufnahmen mit Hilfe der Kamera MKF6 vermitteln bereits dem unbefangenen Betrachter ein eindrucksvolles Bild von den Erscheinungen an der Erdoberfläche im Hinblick auf die Details und die großräumigen Zusammenhänge. Der Spezialist vermag die Aussagekraft dieser Aufnahmen durch sachgerechte Bearbeitung und tiefschürfende thematische Interpretation jedoch um ein Vielfaches besser zu nutzen. Wir beherrschen heute bereits in unserem Zentralinstitut eine große Zahl von Verfahren zur Bildbearbeitung und Bildinterpretation. Eine Fülle neuer Informationen haben besonders unsere Geologen gewonnen. Über diese und weitere Interpretationsergebnisse ist bereits in mehreren Veröffentlichungen berichtet worden.

Die aus den Aufnahmen abgeleiteten thematischen Aussagen lassen sich jedoch nicht widerspruchsfrei in die bereits vorhandenen Kenntnisse über die betreffenden Teile der Erdoberfläche einordnen. Die Ursache hierfür sind nicht nur die Lücken der auf traditionelle Weise gewonnenen Daten und Informationen. Sie liegen auch in unzulänglichen Begriffsbildungen der betreffenden Wissenschaftsdisziplinen. Zum Beispiel ergab der Vergleich der Angaben für die Flächennutzung im Kreis Stralsund nach terrestrischen Erhebungen bzw. nach der Auswertung einer kosmischen Aufnahme während des Experimentes „RADUGA 1" mittels Klassifikation im Mittel nur eine Übereinstimmung von 80%. Die Angaben über die Bedeckung durch Wasserflächen waren dabei zu 97%, die Angaben über die für Siedlungen genutzten Flächen dagegen nur zu 65% identisch. Offensichtlich ist der Begriff Siedlung für die Mischung von Gebäuden und Grünflächen bei der Auswertung der kosmischen Aufnahmen nicht ausreichend.

Wir sind zur Zeit damit beschäftigt, die Materialien des Experimentes „Biosphäre" eingehend auszuwerten, das vom Fliegerkosmonauten der DDR, Genossen Oberst Jähn, gemeinsam mit seinem Kommandanten Bykowski und der Stammbesatzung Kowaljonok und Iwantschenkow an Bord der Orbitalstation „Salut 6“ im August/September 1978 unter Verwendung einer visuell-instrumentellen Methode durchgeführt wurde. Diese Methode hat sich als sehr flexibel erwiesen. Während des Experimentes wurden u. a. zahlreiche Aufnahmen mit Hilfe der Handkamera Pentacon-6-M auf Farbfilm (ORWO NC-19) und Schwarz-Weiß-Film ORWO NP 20 gemacht. Die Aufnahmen aus 350 km Höhe zeigen eine lineare Bodenauflösung von etwa 100 m. Die Interpretation konnte mit Hilfe einer speziell entwickelten Methode zur kombinierten analog-digitalen Bildbearbeitung wesentlich verbessert werden. Sehr instruktiv sind z. B. die Aufnahmen des Gebietes um das sog. Horn von Afrika. Sie zeigen sehr deutlich die Morphologie der Erdoberfläche. Die tektonische Struktur ist wegen des Fehlens einer Vegetationsdecke auch dem weniger geübten Betrachter leicht erkennbar. Nach der speziellen Bildbearbeitung zeigen sich auch deutliche Unterschiede in den Meeresflächen, speziell erkennt man die Front zwischen den warmen und salzreichen Wassermassen im Golf von Aden und dem kälteren, salzarmen Wasser vor der Küste von Somalia. Über einige weitere Ergebnisse haben Dr. Marek vom Zentralinstitut für Physik der Erde und seine Mitautoren (unter ihnen Genosse Jähn) auf dem 30. Kongreß der Internationalen Astronautischen Union im September 1979 in München/BRD berichtet.

Bei den Arbeiten zur Fernerkundung der Erde haben sich sehr enge, freundschaftliche Kooperationsbeziehungen mit unseren Partnern in der UdSSR herausgebildet. Sie sind unerläßlich dafür, daß in unseren Einrichtungen die Fähigkeit für erfolgreiche Forschungsarbeiten auf hohem wissenschaftlichem Niveau entwickelt wurde und daß von uns beachtenswerte Beiträge zur Nutzung der Fernerkundung für ein besseres Verständnis unserer Erde geleistet werden können. Dafür gebührt unseren sowjetischen Freunden und Akademik Petrow ganz persönlich unser besonders herzlicher Dank.

W. Böhme

Diskussionsbeitrag

Akademik Petrow hat in seinen Ausführungen die Bedeutung der im Rahmen des Interkosmosprogramms durchgeführten Arbeiten hervorgehoben und unterstrichen, daß Erkenntnisse über Fakten gewonnen wurden, über die bisher keine Vorstellungen existierten, daß die Ergebnisse der Forschungsarbeiten ihre Ausstrahlung in verschiedene Zweige der Volkswirtschaft fanden, daß aber auch neue Fragestellungen auftraten, neue Rätsel sichtbar wurden, die gelöst werden müssen. Das gilt auch bezüglich der Kosmischen Meteorologie.

Gestatten Sie mir, noch einige besondere Aspekte bei der Nutzung des Kosmos für die Meteorologie — und auch für die Klimatologie als Bestandteil der Meteorologie — hervorzuheben.

Bekanntermaßen ist die Anwendung der Satelliten für die Meteorologie jenes Gebiet, in dem die routinemäßige Nutzung der Satelliten für praktische Fragen am frühesten einsetzte.

Die erwähnten besonderen Aspekte sind:

1. Folgende Eigenschaften der Satelliten kommen bezüglich der Meteorologie besonders zum Tragen:
   a) Von Satelliten aus kann ein größeres Gebiet übersehen bzw. überwacht werden.
   b) Von Satelliten aus kann man im Prinzip und auch in der Praxis häufig das gleiche Gebiet aufnehmen; damit können auch die in der Atmosphäre ablaufenden raschen Veränderungen gut erfaßt und überwacht werden.
   c) Der Satellit gestattet Einblick in Bereiche der Atmosphäre, deren Untersuchung vom Boden her aus verschiedenen Gründen, z. B. wegen der Wolken und auch wegen anderer absorbierender Medien nicht oder nur schwer möglich ist.
2. Es muß eine Besonderheit der Meteorologie, der Physik der Atmosphäre, die sie mit vielen anderen Geowissenschaften gemein hat, beachtet werden, nämlich, daß einzelne Meßwerte oder Meßwerte an einzelnen Stellen nicht besonders nützlich sind, da in dem komplizierten hydrodynamischen System, das die Erdatmosphäre darstellt, sehr weitreichende, räumliche und zeitliche Zusammenhänge und Wechselwirkungen existieren. Das bedeutet auch, daß die von Satelliten aus gewonnenen Messungen besonders an Wert gewinnen, wenn sie mit weiteren Infor-

mationen über den Zustand der Atmosphäre im gleichen geografischen Gebiet oder in anderen Gebieten verknüpft werden können.

Aus diesen Fakten leitet sich die wichtige Schlußfolgerung ab, daß die Satelliten zur Erschließung neuer Informationsquellen für die Überwachung und Verfolgung der atmosphärischen Vorgänge geeignet sind und schließlich so auch genutzt worden sind und werden. Anschauliche Beispiele sind dafür

- die Erfassung der Bewölkung über großen Gebieten, die sogenannten Wolkenbilder,
- die Aufnahme der Atmosphäre in verschiedenen Spektralbereichen, z. B. zur Einschätzung der horizontalen Verteilung des Wasserdampfes,
- Spektralaufnahmen, die die vertikale Verteilung von atmosphärischen Parametern, also die vertikalen Profile, z. B. der Temperatur, der Luftfeuchtigkeit und des Ozons zu erfassen gestatten.

Hieraus leitet sich auch ab, daß man es in den meisten Fällen in der Kosmischen Meteorologie mit einer sehr großen Datenfülle zu tun hat, die übertragen werden muß und die in das schon bestehende System der auf klassische Weise gewonnenen Beobachtungsdaten eingeordnet werden muß, ganz unabhängig davon, ob die Daten für die Analyse des Zustandes und die unmittelbare Vorhersage oder für Grundlagenuntersuchungen zum Verhalten der Atmosphäre benötigt werden.

Die, wie erwähnt, schon frühzeitig einsetzende Nutzung der Satelliten für die Meteorologie hat sich als außerordentlich wertvoll erwiesen: man muß allerdings nicht vergessen, daß die Satellitendaten dennoch nur eine Ergänzung zu den Daten darstellen, die von den üblichen Bodenbeobachtungsstationen und den Radiosondenaufstiegsstellen gewonnen werden. Aber gerade durch diese komplexe Verwendung neuer Informationsarten zusammen mit den traditionellen wurden grundlegende Erkenntnisse gewonnen, z. B. über die Struktur der Strömung und der Konvektionsprozesse in typischen atmosphärischen Gebilden, wie außertropischen und tropischen Tiefdruckgebieten oder auch in ausgedehnten Kaltluftkörpern über warmem Untergrund oder auch über die Entstehung von Karmanschen Wirbelstraßen hinter isolierten Hindernissen. Aufnahmen im 6 µm-Bereich vermitteln neue Informationen über die Wasserdampfverteilung in der oberen Troposphäre und lassen weitere Schlußfolgerungen über den Wasserhaushalt der Atmosphäre zu. — Für die Praxis haben sich die Satelliteninformationen ebenso als sehr nützlich erwiesen. Eine Verbesserung der Vorhersagegüte durch die Nutzung von Satellitendaten ist eindeutig nachweisbar. — Von ganz grundsätzlicher Bedeutung ist, daß durch die Satelliten die Aufmerksamkeit der Forscher auf die großräumigen Strukturen und Vorgänge in der Atmosphäre gelenkt wurde und damit der Sinn für die Untersuchung und Bedeutung komplexer Gesamtheiten der Atmosphäre, die zeitweise fast individuelle Eigenschaften haben, geschärft wurde.

In diesem gesamten Wechselwirkungsprozeß zwischen der Entwicklung der Technik und dem Fortschreiten der wissenschaftlichen Erkenntnis haben sich die Arbeiten in der DDR auf dem Gebiet der Kosmischen Meteorologie im Rahmen von Interkosmos und im Rahmen der bilateralen Zusammenarbeit mit der UdSSR entsprechend eingeordnet. Eine der ersten Aktivitäten war die Entwicklung von Satellitenbild-Aufnahmestationen, die sich in verschiedenen Modifikationen in der DDR, auf den Ozeanen, in der Antarktis und in Entwicklungsländern hervorragend bewährt haben. Aus der Fülle der erhaltenen Wolkenaufnahmen entstanden eine Reihe von Monografien, in denen die aus den Wolkenaufnahmen zu gewinnenden Aussagen systematisch dargestellt sind; diese Monografien wurden gemeinsam mit den anderen Interkosmosländern ausgearbeitet und veröffentlicht. Eine weitere wesentliche Aktivität galt mit dem Fourierspektrometer, das auf Anregung des Hydrometeorologischen Dienstes der UdSSR durch Einrichtungen der Akademie der Wissenschaften der DDR im Zusammenwirken mit Einrichtungen des HMD der UdSSR und des MD der DDR entwickelt wurde, einer solchen Frage wie: Welche Spektralbereiche sind besonders günstig für die indirekte Messung der Vertikalprofile von Eigenschaften der Atmosphäre? — dies auch mit der Zielstellung, Aussagen für die Entwicklung von Festfrequenzradiometern zu erhalten, die dann den Aufwand bei der Überwachung der Atmosphäre geringer zu halten gestatten. Schließlich waren Aufgaben der Kosmischen Meteorologie auch Bestandteile des Programms „Biosphäre" unseres Kosmonauten.

Da die Daten der neuen Informationsquellen in die klassischen Daten eingeordnet werden müssen, wurde besonders die Frage der Assimilation nichtsynoptischer Daten eingehend untersucht und kann im Prinzip als gelöst gelten. Zur Erläuterung sei vermerkt, daß die Meteorologie bisher im wesentlichen bei Messungen und Beobachtungen synoptisch gearbeitet hat, d. h. es wurden sozusagen im Abstand von einigen Stunden jeweils (gleichzeitig) Momentaufnahmen des Zustandes der Atmosphäre gemacht. Die Satelliten können aber ständig Daten erfassen und übermitteln. Diese Daten müssen, ohne daß Störeffekte, wie Schockwellen u. ä. entstehen, in die durch die übrigen Daten bestimmten Zustände der Atmosphäre so eingeordnet werden, daß sie durch sie repräsentierte Information maximal genutzt wird.

Die durch die Erschließung der neuen Informationsquellen sich ergebenden Möglichkeiten wurden frühzeitig auch im internationalen Rahmen erkannt; hierzu gab es Beschlüsse der UNO, woraus schließlich unter der Leitung der Meteorologischen Weltorganisation (WMO) das System der Welt-Wetter-Überwachung, das Globale Atmosphärische Forschungsprogramm und jüngstens das Weltklimaprogramm abgeleitet wurde. Hierbei wirkte und wirkt die DDR in adäquater Weise mit.

Auch in der nächsten und wahrscheinlich weiteren Zukunft werden die eingangs geschilderten besonderen Aspekte, die objektiv gegeben sind, wirken. Es wird also weiterhin darum gehen, neue Informationsquellen zu erschließen. Die Tendenz, vom sichtbaren Spektralbereich und vom nahen Infrarot zu weiteren Infrarotbereichen überzugehen und den Mikrowellenbereich sowie die aktive Abtastung mit Mikrowellen einzuschließen, setzt sich fort und zeigt bereits einige Ergebnisse. Hinzu kommt, daß mit Hilfe der Limb-Sondierung, also der horizontalen Sondierung, eine Verbesserung der Erfassung des Zustandes der unteren und mittleren sowie ggf. der höheren Stratosphäre möglich und nachgewiesen ist. Zugleich geht es aber auch darum, in den verschiedenen Spektralbereichen eine immer größere räumliche und zeitliche Auflösung zu erhalten, um kleinräumige, aber wesentliche Vorgänge rechtzeitig erkennen und verfolgen zu können. Im übrigen muß man beachten, daß die Nutzung verschiedener Spektralbereiche in kombinierter Form nicht einfach als Summe der Nützlichkeit der getrennten Verwendung der beiden Spektralbereiche aufgefaßt werden kann, was damit zusammenhängt, daß die Auswertmethoden, insbesondere die notwendigen Inversionsmethoden nicht eindeutig sind und bei getrennten Spektralbereichen wirklich zusätzliche, unabhängige Informationen gewonnen werden.

Es ist abzuschätzen, daß die Kosmische Meteorologie bei der Weiterentwicklung dieser Methoden in der Zukunft stärker zu einem Werkzeug zur Überwachung des Klimas werden wird, daß die Elemente des Wasserhaushaltes der Atmosphäre besser erfaßt werden können und daß sich mit den verschiedenen Methoden die Möglichkeit der Ableitung einer detaillierten Klimatologie der Stratosphäre auftut, die eine Grundlage dafür ist, daß die aktuellen Zustände der Stratosphäre für Langfristvorhersagen und Aussagen über Klimaschwankungen genutzt werden können. Hier bieten sich sehr gezielte Untersuchungen an, wie solche zur Klärung der Vermutung, daß der wohl vorhandene, aber nicht recht verstandene Einfluß der Sonnenaktivität auf die untere Atmosphäre sich über Wolkenbildungsprozesse in der oberen Troposphäre und unteren Stratosphäre abwickelt; insbesondere geht es darum, die häufig wiederkehrende Vermutung, daß erhöhte Sonnenaktivität oder bestimmte Phasen der erhöhten Sonnenaktivität zur Verstärkung der Cirrusbildung führen, entweder zu bestätigen oder diese Vermutung zu wiederlegen. Im übrigen bleibt die Frage aktuell und wird sich weiterentwickeln, welche klassischen Methoden der Überwachung der Erdatmosphäre letztendlich doch durch Messungen von Satelliten aus ersetzt werden können.

Ich möchte meine Diskussionsbemerkung abschließen und die Gelegenheit nutzen, Genossen Akademik Petrow zugleich als Repräsentanten der UdSSR sowohl für die Möglichkeiten, die sich für die DDR durch die Beteiligung im Rahmen des Interkosmosprogramms und der bilateralen Zusammenarbeit erschlossen, als auch für die anerkennenden Worte, die er für die Leistungen der DDR im Rahmen des Interkosmosprogramms gefunden hat, den herzlichsten Dank auszusprechen.

ISSN 0138-3956

Papier | Fördert gute Waldnutzung
FSC® C083411

Zeitfracht Medien GmbH
Ferdinand-Jühlke-Straße 7
99095 Erfurt, Deutschland
produktsicherheit@kolibri360.de